收纳柜设计

完全解剖书

漂亮家居编辑部 编著

江苏凤凰科学技术出版社 · 南京

江苏省版权局著作权合同登记 图字：10-2022-365

图书在版编目（CIP）数据

收纳柜设计完全解剖书 / 漂亮家居编辑部编著 . —
南京 : 江苏凤凰科学技术出版社 , 2023.7
ISBN 978-7-5713-3592-2

Ⅰ . ①收… Ⅱ . ①漂… Ⅲ . ①住宅－箱柜－室内装饰设计 Ⅳ . ① TU241.04

中国国家版本馆 CIP 数据核字 (2023) 第 098679 号

收纳柜设计完全解剖书

编　　著	漂亮家居编辑部
项目策划	凤凰空间/徐　磊
责任编辑	赵　研　刘屹立
特约编辑	褚雅玲
出版发行	江苏凤凰科学技术出版社
出版社地址	南京市湖南路1号A楼，邮编：210009
出版社网址	http://www.pspress.cn
总 经 销	天津凤凰空间文化传媒有限公司
总经销网址	http://www.ifengspace.cn
印　　刷	雅迪云印（天津）科技有限公司
开　　本	710 mm×1 000 mm　1 / 16
印　　张	14
字　　数	160 000
版　　次	2023年7月第1版
印　　次	2023年7月第1次印刷
标准书号	ISBN 978-7-5713-3592-2
定　　价	78.00元

图书如有印装质量问题，可随时向销售部调换（电话：022-87893668）。

目录

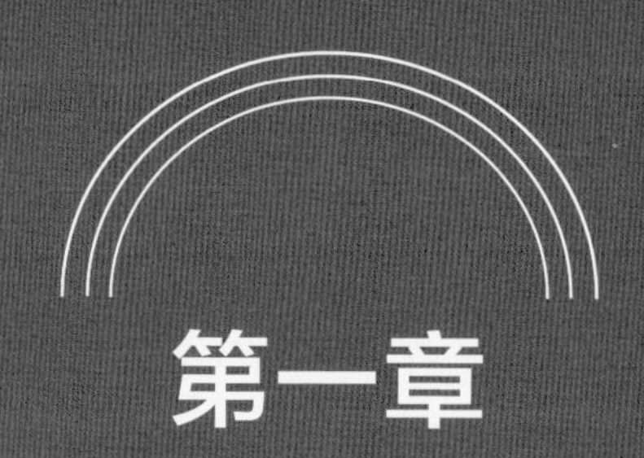

第一章

CHAPTER
01

20个不可不知的收纳柜设计要点和理念

在抱怨家里的橱柜、层架等收纳设计不好用之前，不妨先审视一下自己的收纳观念是否正确。也许只要稍微改变一下，一些原本觉得难用的收纳设计马上就能变得非常好用；也许进行一次家居局部装修，或者稍微改变一下空间的配置，就能解决平时令人困扰的收纳问题。

问题 01

塌陷！
柜子层板居然出现了“微笑曲线”

新买的书柜没用多久就出现层板凹陷的问题，是柜子有缺陷吗？

解决方法：层板跨距不宜超过 120 cm

一般来说，书柜层板为了能够支撑图书的重量，层板厚度大多设置为 2 cm，层板最合适的跨距应为 60 ~ 70 cm，最多不要超过 120 cm。若跨距超过 120 cm，中间应加入支撑物，层板可加厚至 4 ~ 6 cm，以避免出现“微笑曲线”的问题。

本节插画 张小伦

问题 02

费力！
推拉柜门都要练臂力

我的双层书柜用了一年多，外柜变得越来越难推，是哪里出了问题？

解决方法：
挑选适宜的五金

由于双层书柜需依靠滑轨移动，若使用质量不佳的滑轨，当图书越放越多、重量逐渐增加时，滑轨可能会因为承重性能不够而发生变形，无法顺利推动。因此，必须选用承重力佳的重型滑轨，才不容易损坏。

问题 03

卡住！
柜门太大无法全部打开

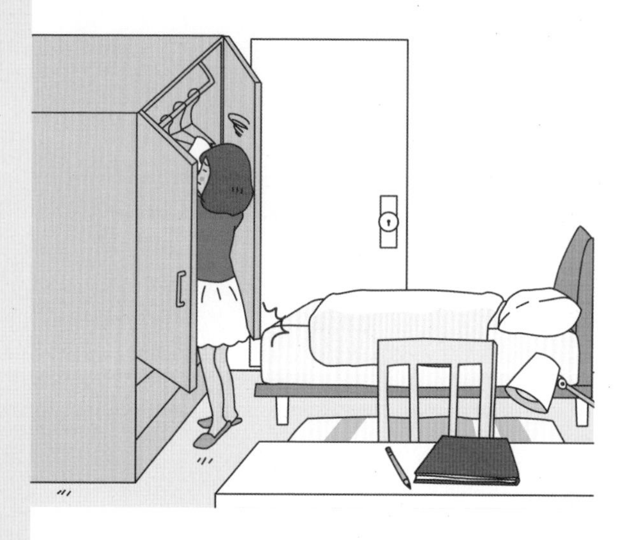

卧室空间比较小，但买的衣柜太大了，一开柜门就碰到床，该怎么解决这个问题？

解决方法：衣柜和床铺之间应至少留有 60 cm 的距离

在购置衣柜时，应先测量摆放空间的长度和宽度，并且要注意柜子与床之间应留有 90 cm 左右的距离，这样柜门开启时才不会碰到床铺，人在行走时也不会有压迫感。若卧室的空间较小，柜子和床的距离应至少留出 60 cm，并建议选用推拉式柜门，可避免发生柜门碰到床的问题。

问题 04

失算！
鞋柜收不进较高的靴子！

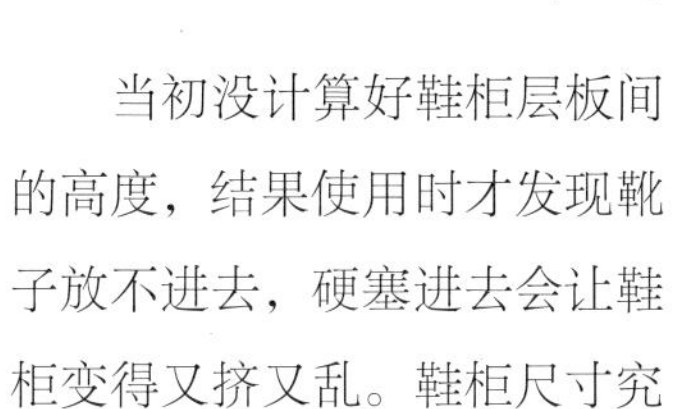

当初没计算好鞋柜层板间的高度，结果使用时才发现靴子放不进去，硬塞进去会让鞋柜变得又挤又乱。鞋柜尺寸究竟该怎么计算？

解决方法：事先应测量需收纳物品的高度

在定制任何收纳柜之前，都需要先给自己的物品列一个清单，只有测量清楚各物品的长、宽、高，才能精准地做出符合需求的柜子。通常在定制鞋柜时，深度预留 40 cm 即可，而高度依照每人的需求不同而有所区别，应先测量自己鞋子的高度，再决定鞋柜做多高。

问题 05

麻烦！收纳柜设计不合理，使用不方便

我的衣服太多，为了节省空间，大都采用了折叠方式收纳，然而设计师帮我设计的衣柜大部分都是挂衣区，有很多衣服放不下，只好收进箱子里，一点都不实用！

解决方法：按照收纳习惯规划柜体内部结构

柜体内部的设计除了要配合物件的大小、多寡之外，也和收纳习惯息息相关。一般来说，如果习惯叠放衣物，建议设计活动式层板，可随自身的需要增添层板数量。若习惯采用吊挂的方式收纳衣物，则可以设计两个挂衣区（长衣区和短衣区），提高使用效率。不过，规划的前提是要充分了解自己的收纳习惯，只有这样才能规划出最实用的收纳柜。

问题 06

掉漆！
忘记做散热孔，导致电器柜贴皮脱落

家里的橱柜特别定制了可以放置电饭锅、烤箱、微波炉等电器的地方，看起来整齐又不占空间，但没过半年却发现柜子表面出现了贴皮脱落和起鼓现象，这是为什么？

解决方法：电器柜应该设计散热孔

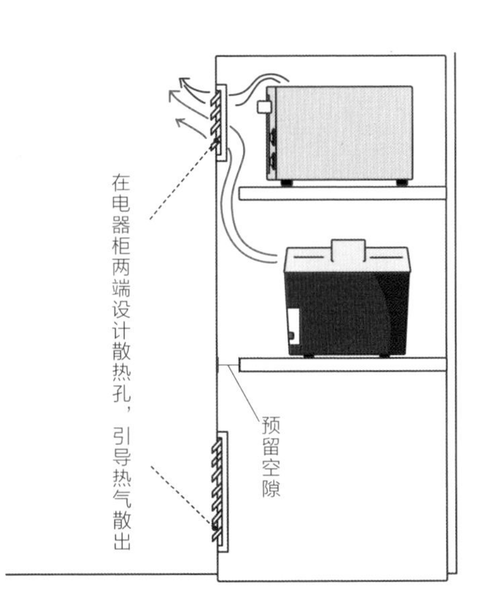

一般厨房所用的电器都会散发热量或水蒸汽，若要将电器收在柜子里，则柜子本身必须要预留散热孔，层板与柜门之间也要预留些许空间，让水汽和热量能够散发出去。否则柜子内部长期处在湿热的环境下，木制柜板就容易出现贴皮脱落或起鼓的问题。

问题 07

白费！各式各样的收纳空间，最后都没用到

为了方便收纳，装修的时候便想要更多的柜子，事后却发现有些柜子并没有被充分利用，而且还让空间显得有压迫感，该怎么办才好呢？

解决方法：审视未来的购买需求，规划柜子数量

很多用户在规划收纳柜时，常会有这种想法："要做很多的柜子，才能放得下未来可能增加的物品。"却没想过是否有足够的空间和实际的需要。因此，需要先审视自己现有的物品以及未来的收纳需求，并与设计师充分沟通，以便规划出最合适的柜体数量。

问题 08

坏了！柜子没用多久就走样、变形，甚至破损

在家居环境或使用中的不利因素的影响下，柜子的板材出现各种问题，比如走样、变形，甚至破损，最后只能报废丢弃，出现这种情况是因为选错了柜子的板材吗？

解决方法：依环境条件选择材质

选择柜子的板材时，建议优先考虑其特性是否适合自家的环境或收纳条件。若是较为潮湿的空间，要选择防潮性较好的板材；如果收纳的物件比较重，就要考虑板材的承重性如何。一般来说，木质板材有木芯板、胶合板、颗粒板等，板材表面饰面材料则有美耐板和其他木皮等。其中作为饰面材料的美耐板是由牛皮纸等材质经过含浸、烘干、高温、高压等步骤加工而成，具有耐火、防潮、不怕高温的特性，通常会贴于主体板材的外侧。另外，板材外层脱落的原因也有可能是贴木皮或美耐板时用了质量不好的胶粘剂，使板材边缘处渗水造成脱落。

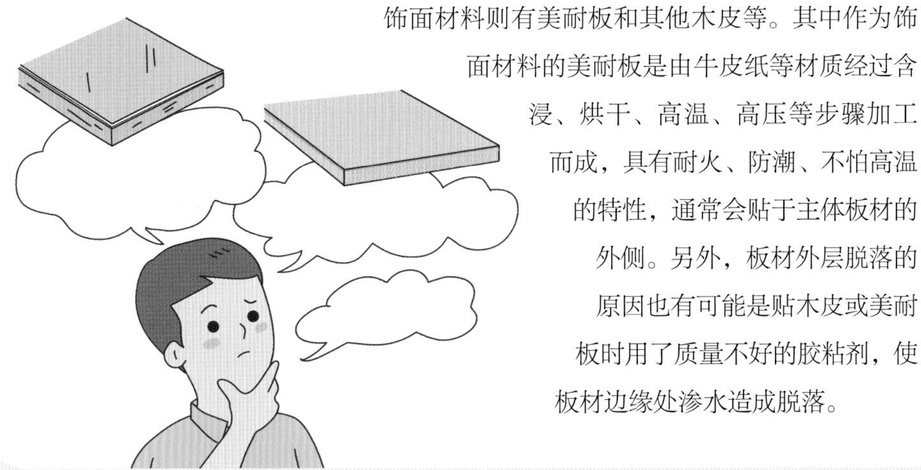

问题 09

昂贵！
木工师傅加做层板，也要增加费用

做木柜时，临时想将衣柜的柜门进行烤漆处理，内部再增加层板和抽屉，但木工师傅说需要另外增加费用才行，真的要花这么多钱吗？

解决方法：柜子复杂度越高，价格也越高

定制柜有一种计价方式是以板材的面积计价的，一般来说每一片层板都需要经过贴皮、上漆处理，这是最基础的处理方式。另外，像是一些特殊的覆膜、烤漆等工艺，必须先在工厂进行二次加工，因此价格相对会比一般的喷漆或贴皮处理要高。柜子的复杂度越高、工艺越细密，价格也就越高。

问题 10

不便！柜子太高了，平常根本够不着！

我家是挑高的户型，原本想着把柜子做到顶就可以增加收纳量，但最后发现柜子太高反而不方便拿取物品，太让人苦恼了！

解决方法：依收纳习惯建立适宜的动线

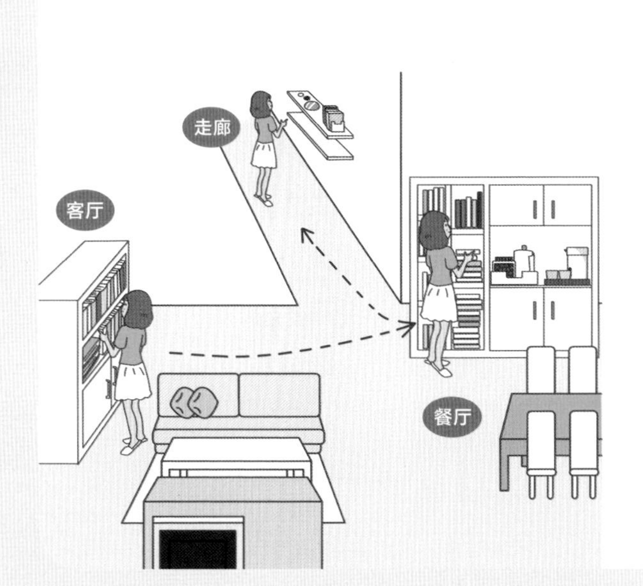

通常在做柜子时，需要考虑柜体高度是否方便使用者拿取的问题，一般最顺手的高度在柜子中段处，若高度超过 180 cm，一般人就必须用椅子垫高才能够到顶部。如果不习惯这样的收纳方式，建议不要把柜子做得太高，可以按照自己的收纳习惯，在客厅、厨房或是其他空间设置相对应的柜子，并找到一条最合适自己的收纳动线。

理念 01

收纳设计不只要好放，更要好拿

请先想一下，设计收纳的目的是储物还是生活便利？如果是储物，当然会觉得能放越多东西越好。但换个角度想，必须要翻箱倒柜才能找到想要的物品，其实一点都不方便，这些收起来的物品，恐怕再也不会被拿出来用了，这样的收纳设计就失去了意义。

插画　吴季儒

理念 02

收纳不等于藏起来

接着请再思考一下，收纳是把物品“归位”，还是把物品“藏起来”，这两者的区别在哪里？答案很简单：“归位”是依照空间条件和使用习惯而决定摆放位置；“藏起来”就只是把东西放到看不见的地方，并无任何功能性。因此，收纳设计绝不是找一个空间，把物品收起来、堆在一起就好。

插画　吴季儒、张小伦

理念 03

收纳设计要根据习惯、需求、动线量身定制

收纳设计是以生活习惯为出发点的，同时也与日常生活的动线息息相关，借由观察、审视的过程，规划出贴近生活需求的设计。如果没有将习惯、需求、动线考虑进去，做出来的设计很可能会造成“根本用不到、用起来不顺手”，或是“多走路、浪费时间”的情况。所以收纳设计的好坏并无统一标准，而是因人而异的。

理念 04

不勉强改变生活习惯的收纳才是好设计

最好的收纳设计师其实就是自己，因为每个人有不同的习惯、个性、身高等，拿取方式也有所不同。只有自己才最了解自己的生活习惯，物品才能依照习惯与动线收纳。收纳设计必须顺应自己的生活习惯，千万不要为了收纳设计而勉强改变自己的习惯，这样的收纳设计使用起来会变成一种压力。

理念 05

“常不常用＋美不美观”决定收纳方式

收纳的学问并不只是把物品收起来或藏起来，而是在于如何使物品好储存也好取用。把所有东西都藏起来，只做到了“收”；而将某些物品（如收藏品）自然地纳入空间之中，并美观地展示出来，则叫“纳”。两者结合才能称为“收纳”，因此收纳可分为外露和内藏两种形式。如何决定该外露还是内藏呢？可借由“常不常用”和“美不美观”两个方向判断，例如常用的眼镜可以外露，外观不是很好看的遥控器则可以内藏，适度的外露和内藏能让空间表现更有生活味。

插画　吴季儒

理念 06

功能艺术化、艺术功能化

收纳设计首先重视实用性，其次则是要兼顾美观，因此“功能艺术化、艺术功能化”可以说是收纳设计的最佳注脚。因此收纳设计不是花钱做一大堆柜子就可以的，换句话说，不是柜子多就等于收纳空间多，有时候收纳空间太多反而会显得多余，重点在于必须要符合用户的实际需求，这样才能规划出能常用、常收的收纳设计。

理念 07

物有所归，让收纳更有系统性

收纳不是“只要看不到就好，藏起来就没事”，而是要从管理的角度来看待，必须让物品好寻找、好拿取，即使是被收起来的物品，也要随时拿得出来，这才是收纳设计的重点。好的收纳设计应该是让物有所归，各有各的定位点。

理念 08

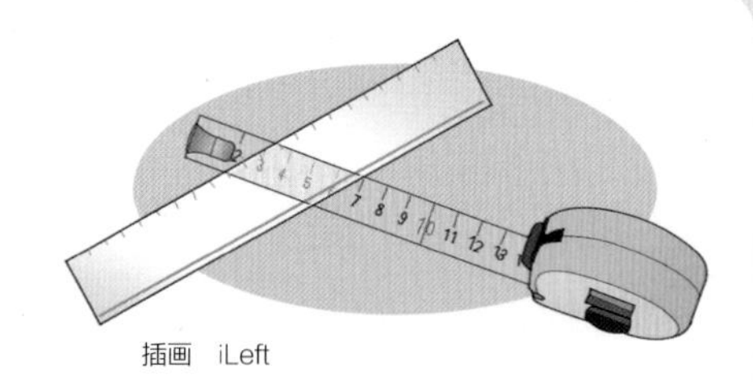

插画　iLeft

物品尺寸、使用需求越细越好

为什么要测量所有收纳物品的尺寸，真的有必要吗？答案是肯定的，当数据齐全后，所有设计都会变得非常精准，自然就能减少被浪费的空间，而多出来的空间还可以预留给未来使用。因此在讨论收纳设计如何规划之前，请务必先测量好各项物品的尺寸，将所有物品数据化之后，再依照空间条件和人的特性进行设计。可能会有人问：“我东西很多又琐碎，在装修时间有限的情况下，一定要事先测量好尺寸才能设计柜子吗？”建议视物品的大小来决定，像饰品、餐具可在柜子完工后，再找尺寸合适的收纳格放置。但像雕塑、摆件这类较大物品，一定要先确定尺寸，只有这样才能定制出符合比例的收纳柜。请记住，考虑得越细，做出来的收纳设计才越好用。

理念 09

针对家中成员，思考收纳需求差异性

既然收纳设计是为生活带来便利的设计，就绝对不是一味地制造空间，而是会依照使用者的身份、性别、职业的不同，进行有针对性的设计。譬如男生可能会有很多领带要收纳，女生则有很多护肤品的瓶瓶罐罐要收纳。所以在设计收纳之前一定要经过充分沟通，在了解使用者生活习惯之后再进行设计，只有这样才能做出好用的收纳空间，收纳设计才会有意义。

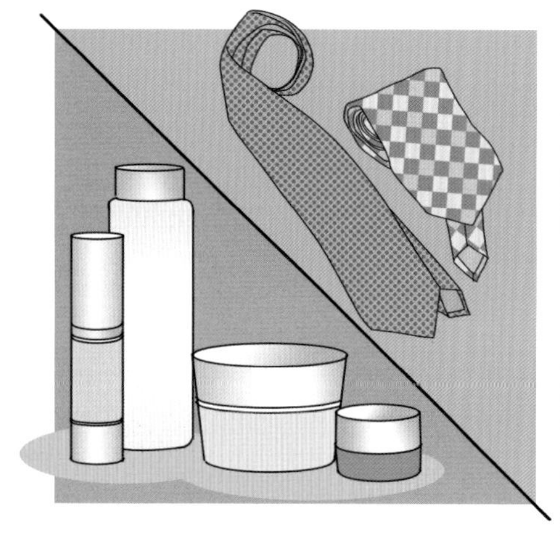

插画　iLeft

理念 10

收纳前先学习舍弃和分类

插画　吴季儒

收纳的第一步就从“丢东西”开始吧！找出日常生活中真正要用的东西，再为这些东西找到适合的地方放置，避免空间的占用和浪费。如何排列出优先顺序，让物品数量不超出空间负荷，是很重要的问题。建议按照使用频率分类，也就是将物品分为“常用的、每天用的、不常用的”三大类，厘清后再进行符合人体工程学和拿取动线的规划与设计。另外，未来的需求也要记得列入分类项目中，必须预先考虑才能达到好拿又实用的目的。

第二章

CHAPTER
02

130个收纳柜问题详解

收纳柜的风格与形式

收纳柜的空间、动线与尺寸

收纳柜的定制

收纳柜的材质

柜门的造型与变化

收纳柜的工艺与价格

收纳柜的五金与配件

问题 001

想要贴合复古风格的空间设计，柜子的装饰要如何搭配呢？

古典风格简化后形成了复古风格，除了一些常见的简化线板和百叶木门之外，由古典风格遗留下来的直纹木板更是复古风格的代表元素。在板材处理上，这类柜体多会运用刷白色或木色的手法，为了更贴近风格本身陈旧、手工的生活情怀，也可以用多次上漆刮磨的方式来营造仿旧感。一般板材上色后仍会保留木纹的痕迹，可利用铁制把手或马赛克拼接工艺可增添更多韵味。

图片提供　摩登雅舍室内设计

小贴士 **利用把手增添韵味**

乡村风格的把手通常会利用陶瓷或锻铁材质增加韵味，除此之外也可以通过在把手上写名字，增加其质朴感。

图片提供　理本设计

问题 002

收纳柜应怎么设计才能呈现现代风格呢？

现代风格倾向营造简洁利落的感觉，因此在设计柜子时多呈现简单干净的立面，不会在上面设计多余的装饰。有时会利用几何线条构成不规则的形状或花纹，打造前卫的风格设计。把手也要选择简约单纯的造型，或是利用隐藏式把手打造完整、干净的立面。表面材质多选用烤漆木皮或是皮革来呈现质感，也可利用玻璃、镜面来营造低调简约的氛围。

问题 003

柜子要怎么搭配，家居空间才能有北欧风格的感觉？

摄影 Yvonne

相较于其他风格而言，北欧风格的家居装修主要从实用性和功能性出发，强调简洁洗练的空间效果，因此多使用功能性强、可量身定制的定制柜。另外，使用展示型的收纳柜也是北欧风格的特色。所谓展示，不是说要把“大量杂货”展示出来，但对于许多必须经常拿取、使用的生活用品，倾向于摆在方便拿取的地方，采取开放式的收纳。也许是挂在墙上，或是摆在立架上，多数还会特别挑选颜色或外观，就为了在收纳时可以将其作为另一种空间装饰，因此从原木简约到色彩缤纷的各种设计都有。

另外，由于建筑标准中对居住空间的高度有一定要求，因此很多收纳柜体都会向上延伸，主要是希望可以让一般不太会用到的空间有更多被使用的机会。

古典风格多用造型材料来修饰

提供 摩登雅舍室内设计

问题 004

要怎么设计，才能做出古典风格的柜子呢？

古典风格大致可分成传统古典风格、新古典风格和现代古典风格。传统古典风格的柜体多使用罗马柱、兽角、花卉或贝壳图案等做工繁复、精细的装饰线板来呈现。而新古典风格则简化了传统古典风格的表现手法，造型简单但仍留有优雅的线条装饰，多使用垂直和水平的线板堆叠。到了现代古典风格，线板的使用更少，仅留下方正对称的简约线条，材质使用则变得多元化，利用镜面、铁或不锈钢材质呈现低调的奢华感。

图片提供　玥本设计

小贴士　落地式和悬挂式柜体的差别

顶天立地的落地式柜体看起来较为稳重；悬挂式柜体则能展现更多轻盈感，虽然可能浪费了一些收纳空间，却能丰富空间效果。

问题 **005**

收纳柜有哪些类型？在使用上有什么不同呢？

柜子有很多不同的设计样式，通常可以根据使用频率、美观度、收纳习惯等去选择。使用频率较高的物品，建议放在没有柜门的开放式柜体中，拿取较为方便。另外，开放式柜体还具有展示功能，像收藏的玩具、摆件、古董或旅游纪念品等，便可以放在开放式柜体中进行展示。而封闭式柜体最大的优势是可以将物品隐藏起来，让整体空间看起来整齐不凌乱。

（1）开放式柜体：可分为层板或层架两种形式。层板式柜体是在墙面钉上层板，没有其余的支撑。层架式柜体没有安装背板，多为中空的设计。层板式和层架式都有淡化柜体的作用，不会让人觉得有压迫感。

（2）封闭式柜体：分成平开门和推拉门两种类型。主要收纳隐藏物品，使空间显得不凌乱，可防止灰尘进入。

图片提供　甘纳空间设计

问题 **006**

想要设计一整面通顶的书架，以容纳更多的书，需要注意什么吗？

从人体工程学的角度讲，高度超过 210 cm 的书柜较不易被使用，再加上需要上下爬梯和一般人的习惯不符，因此书架做到房顶并不适合拿取图书。若遇地震，书也容易掉落，造成安全风险。但若藏书很多，书架通顶就有其必要性了，不过必须依照使用频率分类摆放。通常书柜最上层的不便程度超过书柜底层，只能作为收藏或储存使用，为了实现偶尔的需求，不妨设计一个梯子，方便拿取摆放得过高的图书。

而梯子的设计须注意安全性，要稳才好爬、好站，所以台阶的深度不能太浅。材质可选用实木或铁件，但相对会比较重，不好搬移，因此可以考虑加上滑轨。当然，滑轨一定要慎选，劣质的滑轨不好推拉，且容易造成危险。移动式梯子的滑轨需能承受梯子的重量，并且有良好的顺畅度，才方便使用。也可以直接购买成品梯子，平时竖起来收纳在角落即可。

问题 007

层板上的收藏品总容易落灰，有什么方法可以解决吗？

展示品可分为收藏品和日常使用物品两大类。如果是收藏品，由于不需要经常拿进拿出，适合采用封闭式的柜子，搭配透视柜门，既密闭又具有展示效果，同时还有防尘的作用。如果是日常使用物品，例如茶杯、盘子或其他器皿等，因为有使用需求，建议采用开放式设计，方便拿取，也便于清洁，更能有效、便利地使用。

摄影 王正毅

图片提供 里心设计

问题 008

衣柜要怎么设计才方便取用衣服而不显凌乱呢？

在决定衣柜的收纳设计之前，请先将衣物分类。建议按照衣服的形式来分，例如外套类、裤类、裙类、上衣类等，而不以季节来分，这样一来可以避免换季时需要搬动衣物的麻烦，也省下放换季衣物的空间。若衣服以轻便的T恤和牛仔裤为主，可多设计一些层板来分层收纳；若是多为长装，则需要比较多的挂衣区。

另外，衣物摆放的位置需考虑其重量与拿取的便利性。最常穿的衣服放在中间区域，较重的裤子、裙子可挂于下方，较重的毛衣也建议放置在下层，冬季才会使用的棉被则放在最上层。

平开门式柜体俯视图

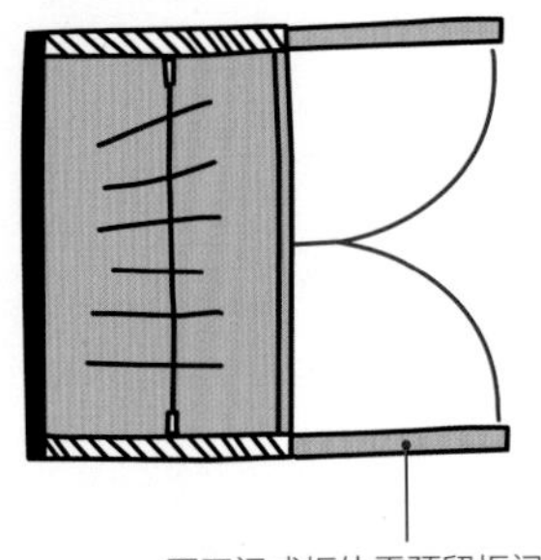

平开门式柜体需预留柜门开启的空间

推拉门式柜体俯视图

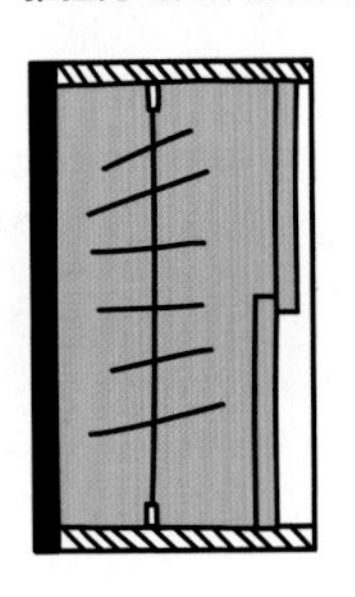

插画　张小伦

问题 009

我的卧室比较小，什么样的衣柜设计比较不占空间呢？

若卧室空间较小，建议使用推拉门式衣柜。平开门式衣柜可以带来平整的空间视觉效果，并因紧密度较高，可以降低灰尘进入衣柜的可能性，但在规划时，必须特别注意是否预留了足够的走道空间，以方便柜门打开。如果卧室空间较小，则不适合使用平开门式柜体。推拉门设计虽增加了柜体深度以做轨道设计，且单价较高，但不需要预留开门空间，非常适合较小的空间使用。

问题 010

我家玄关较窄，如果用一般的柜子，收纳空间会很小，该怎么解决？

若玄关处的宽度不够，没办法用一般的封闭式柜体时，可考虑选用侧拉式柜体。只要深度够深，就算宽度稍窄也一样能收纳物品。在抽拉柜子时，通常会在上方安装特殊的悬臂，只有这样才能够将柜子悬吊固定在轨道上。因此要注意选用承重力足够的优质悬臂，以免产生难以推拉的问题。

需使用承重力良好的悬臂

摄影　Amily

图片提供 摩登雅舍室内设计

问题 011

客厅的电视柜怎么设计才能满足既方便散热又美观的需求呢？

通常电视柜以木质柜体为主，可以在背板或侧板开孔，用来通风循环，而内部尺寸则需要比设备略大一些，让上下左右都有透气、散热的空间。若考虑到散热效果，层板比柜子要更好一些，像是专门放设备的电视柜，就可以使用开放式层架的方式来设计，更有利于散热。如果担心视听设备落灰，可设计能收进两侧的隐藏式柜门，以兼具展示与清洁的功能。有的视听设备本身配有排风扇，因此可预留透气孔，帮助内部空气进行对流及散热。除了透气孔之外，柜体上还要预留线路和插座孔，为日后安装设备做好准备。

问题 012

电视柜想做成嵌入式柜体的设计，有什么需要注意的地方吗？

有时为了让墙面看起来像一个平整的立面，可以利用墙面内凹处打造嵌入式柜体。这种柜体多半是依据要嵌入的电器尺寸来设计的，如电视或其他视听设备等。要注意的是预留的尺寸，如果过小则需要重新制作。另外还要留意线槽的位置是否容易接取，以免日后更换设备时难以接线。

图片提供 甘纳空间设计

问题 013

客厅、玄关等空间在设计柜子时有什么需要注意的地方？

（1）玄关：玄关柜多用于收纳进出常用的物品，例如鞋子、钥匙、包等。收纳鞋子的柜体最需要注意的是柜内的通风问题。建议利用柜门设计或通风设备让空气流通，这样柜内才不会有异味。另外，也可在玄关柜中设计衣帽收纳空间，进门后将脱下的大衣挂起，外出时可以在门口穿好后再出门，非常方便。

（2）客厅：主要为电视柜和书柜，在做电视柜时要记得预留电线的配置通道，以免出现无法连接后方插座的问题。也可在柜体上设计好插座，这样使用起来更方便。

（3）餐厅：餐边柜以放置用水设备、杯具、餐具或小型电器为主。放电器时要特别注意通风的问题。另外，餐边柜也可以当作小型储藏柜来使用，柜子的尺寸可以做深一点，用来放一些较少使用的杂物。

（4）厨房：通常以放置电器、粮食、干货为主。为了美观，建议在设计前先测量电器的大小，放置时就能刚好契合，一点也不浪费空间。若没有办法事先知道确切尺寸，也可以预留通用尺寸。

图片提供 拾隅设计

玄关柜下方悬空，不但可以有效通风，还可晾湿掉的鞋子

（5）卧室：考虑到空间的功能性和美观性，通常要事先把握衣物的数量和业主的使用习惯，只有这样才能做出合适的设计。

（6）卫生间：在卫生间潮湿的环境中，要特别注意柜体材质的选用。一般卫生间里最好使用耐潮的发泡板，但发泡板的缺点是色彩选择较少，可以在发泡板外贴上木皮，以增加可选的色彩。

问题 014

一般来说，可以利用哪些空间放置柜子？

设计师在设计柜子时，多会利用以下空间：沿墙、梁下、柱体、走道和楼梯。通常靠墙的柜体要考虑稳定性，紧贴墙面较为安全。在梁下和柱体处设计柜子可借柜子隐藏梁、柱，达到修饰空间的目的。楼梯的下方通常有 80 ~ 90 cm 宽的空间，一般可以设计成储物间来使用。而狭长走道的过渡动线中，在两侧摆放物品会让人忽略廊道过窄或过长的问题。因此，有时会在走道上设计展示柜作为端景，借此丰富空间视觉效果。

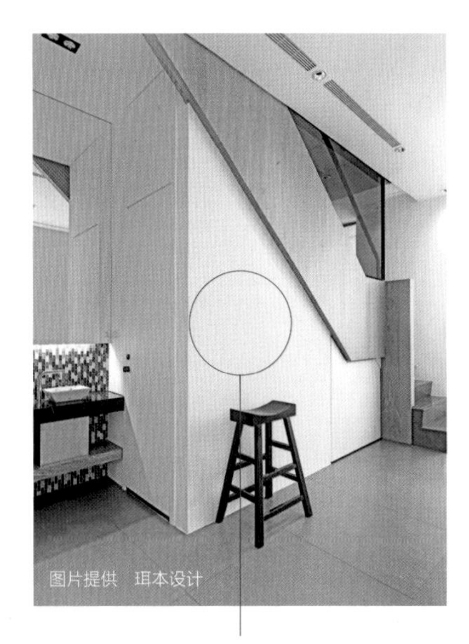
图片提供 珥本设计

善用楼梯下方的畸零空间

问题 015

我想在走道设置柜子，但又怕空间变窄，该怎么解决？

若想在走道设置柜子，一般至少要留出 90 cm 宽的通道，以免人在行走时觉得不舒服、有压迫感。同时柜子可设计成层架式的展示柜，选用重量较轻的材质和悬空式设计，再辅以灯光来削弱柜体的重量感，便不会让人觉得狭窄、有压迫感。

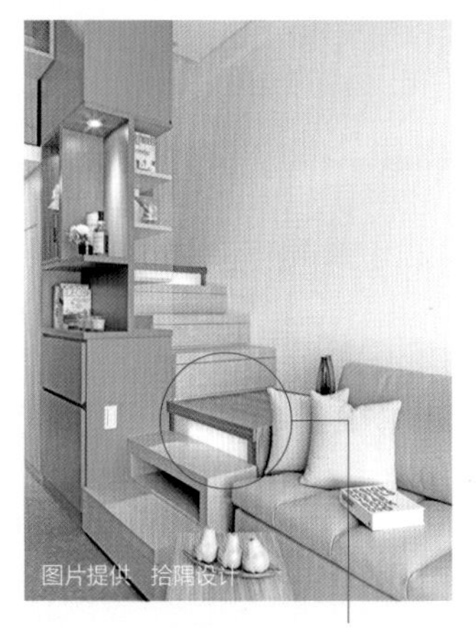
图片提供 拾隅设计

斜角处的高度低，多用于放置不常使用的物品

问题 016

想利用楼梯或转角处设置收纳柜，在设计上有什么需要注意的地方？

楼梯下的畸零空间通常宽约 85 cm，因此设计师经常将其作为储物间或收纳大型电器的杂物柜来使用。而斜角处的高度较低，难以设计收纳柜，多用于放置高度低且较少使用的东西，有时也会直接封起来，让收纳空间更完整。若将柜子放在转角处，需要避免柜体产生锐角，以防孩子在奔跑时撞到。

问题 017

每次只要一开门就会碰到玄关柜，进出都不方便，要怎么改善呢?

一般开门会产生旋转半径，在此范围内都不可以放置物品，以免发生碰撞。入户门的宽度多为 110 ~ 120 cm，因此在距门口 110 ~ 120 cm 的范围内都不可以放置玄关柜。若将玄关柜放置在大门的对面或侧面，则中间需预留 10 ~ 20 cm 的空隙；若将其放在门后，则柜体要稍微往后退缩，或加装门挡，以防止碰撞的发生。

柜子位于门后。

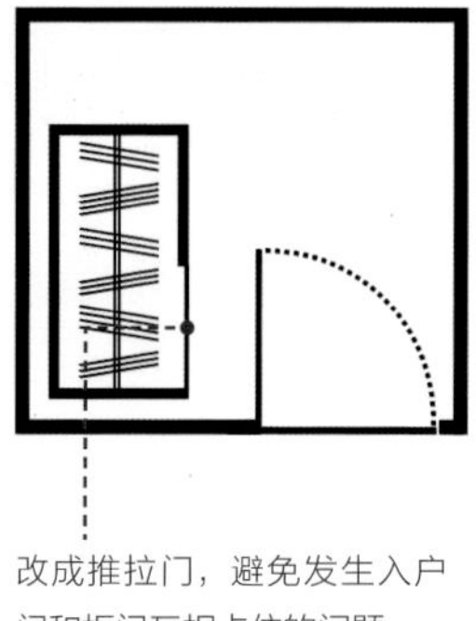

改成推拉门，避免发生入户门和柜门互相卡住的问题

柜子位于入户门对面或侧面。

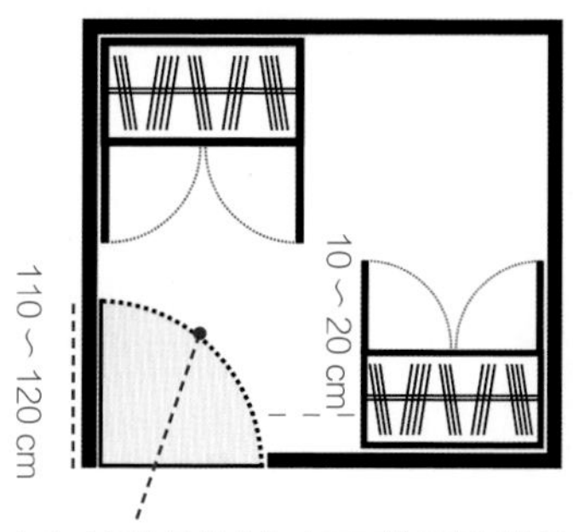

在入户门的旋转半径内不可放置任何物品

问题 018

玄关柜离玄关太远，懒得将鞋子放进玄关柜，需要怎么改善?

通常玄关柜的摆放位置不应离玄关门太远，建议放置在距离入口 120 ~ 150 cm 的位置。若是狭长形的玄关，则大门的两侧最适合摆放玄关柜，这样的距离是最方便穿脱鞋子的。另外，玄关处可规划落尘区，在玄关与室内空间的交界处设置 2 ~ 3 cm 的高度差，便于让掉落的灰尘集中在玄关处。

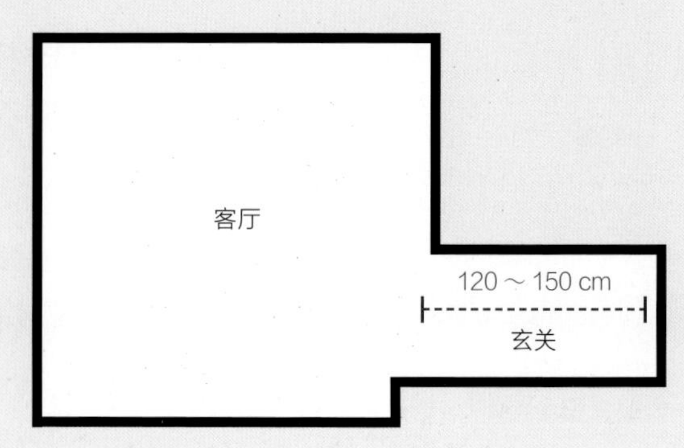

插画　Cathy Liu

问题 019

定制玄关柜要怎样确定尺寸呢？

一般来说，玄关柜深度应以家中鞋号最大的人的鞋子长度为标准来考量，通常做到基本深度 40 cm 为最佳。玄关柜单层高度通常可以设定在 15 cm 左右，但为了满足不同鞋子的需求，建议在设计时，将两旁放置层板的螺母间距离排得紧密一些，让层板可依照鞋子高度调整间距。摆放时可将男女鞋分层放置，例如低跟的平底鞋或童鞋可放在 12 cm 高的那层，高跟鞋则放在 18 cm 高的那层，一般便鞋可以放在 15 cm 高的那层。这样的弹性使用不但能提升玄关柜的使用效率，也能应对未来添购不同高度鞋子的可能性。

图片提供　演拓空间设计

问题 020

如果想在玄关柜加装穿衣镜，有什么需要注意的地方吗？

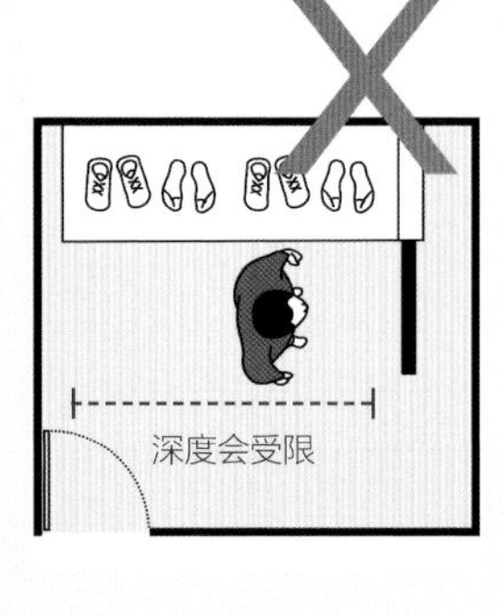

将镜子置于门边，深度可拉长

插画　吴季儒

设计穿衣镜必须要有足够的深度，因此若想在玄关设计一面穿衣镜，建议放在靠近门边（面向室内）的一侧，而非靠近室内的位置，从而拥有足够的深度，确保使用者全身都能照到镜子，达到设计穿衣镜的目的。

问题 021

我习惯将鞋子放进鞋盒收纳，设计玄关柜时该如何计算尺寸？

摄影 Amily

在设计层板跨距时，为避免造成只能放进一只鞋子的尴尬，通常会以一双鞋子 15 ~ 20 cm 的宽度为基准去规划，例如想一排放进三双鞋子，可将宽度设置为 45 ~ 60 cm。而鞋盒深度多为 45 cm，因此若柜子设计的深度不够，鞋盒只能横放收纳，这样会比较占空间。若想收纳鞋盒，应将玄关柜深度设计得深一些才行，最好提前测量好鞋盒尺寸再进行规划。

问题 022

定制玄关柜没过多久就不够用了，有什么方法可以增加收纳空间？

若玄关柜的整体高度足够，则可以利用活动式层板增加层数，使收纳的空间变多；但若无法增加，则可将非当季或较少穿的鞋子收进鞋盒，挪至衣柜收纳，以扩增玄关柜的使用空间。

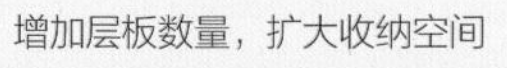

摄影 Yvonne

问题 023

如果想设计带有收纳功能的穿鞋凳，用什么尺寸比较适合？

一般的沙发高度为 40 ~ 45 cm，而置于玄关的穿鞋凳为了能更方便使用者弯腰穿鞋，高度多会略低一些，可设置在 38 cm 左右，深度则无限制。但如果不想浪费这个特别规划出的使用空间，在空间允许的情况下，不妨将深度设置为 40 cm，还可以作为小型鞋柜使用。

插画　吴季儒

问题 024

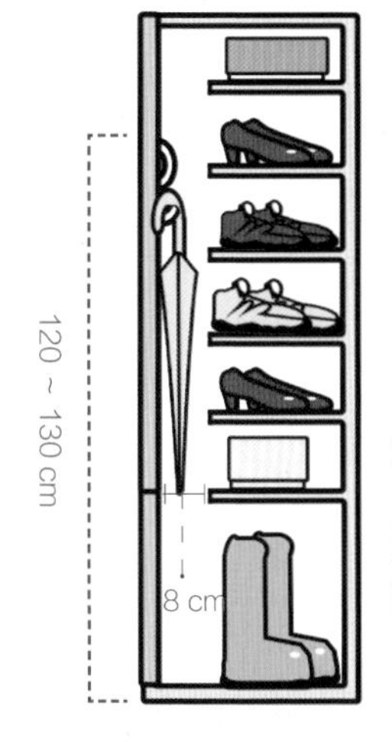

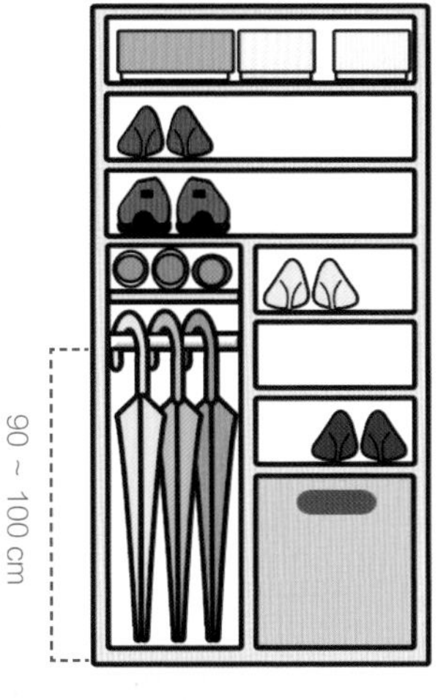

若想要收纳雨伞，玄关柜应留多少空间才够？

想要在玄关柜内增加雨伞收纳空间，通常有两种方式。较为常见的是，直接在玄关柜距离地面 90 ~ 100 cm 的高度处安装一小段挂衣杆，以此作为挂雨伞的空间；而折叠伞则简单设计一小块层板放置即可。还有更简单的方式，可以将玄关柜做得略深一点，并将层板后退 8 cm，直接在柜门后方进行吊挂收纳即可。

问题 025

除了收纳鞋子，若还想再收纳外套，玄关柜应该怎么设计？

如果想在玄关柜增加衣物吊挂空间，为了保证视觉平整性，此类柜体多会参考鞋柜深度（40 cm）来设计。受限于空间深度，衣物收纳因而改为正面吊挂方式，如此一来，其宽度则不能低于 60 cm。此外，注意衣物吊挂区和鞋子收纳区一定要隔开，以防鞋子的异味沾染到衣服上。

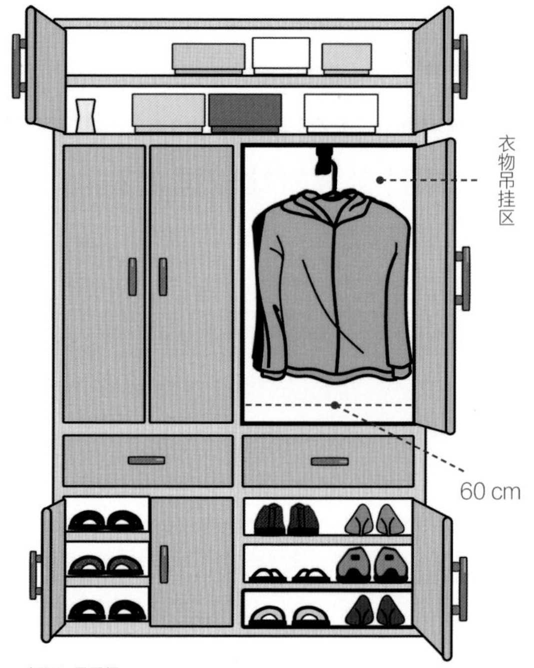

插画　吴季儒

摄影　Amily

问题 026

想在玄关柜放些随时可能被用到的杂物，要怎么设计才方便？

除了收纳鞋子外，玄关还常需要收纳一些杂物，因此在玄关柜中可以设计几个高度较低的抽屉，作为这些杂物的收纳空间。另外，也可以在玄关柜上方设置挂衣杆，或者规划一小块平台或凹位，不仅能收纳杂物，也具有展示的功能。

2. 空间

客厅

图片提供　拾隅设计

小贴士　选用开放式层架，散热效果更佳

电视柜的尺寸需要比设备大一些，让上下左右都有透气和散热的空间。若考虑到散热效果，层板的散热效果要比柜子更好，像专门放设备的收纳柜，就可以使用开放式层架的设计方式，更有利于散热。

问题 027

想要整合收纳视听设备，电视柜该怎样设计？

虽然市面上各类视听设备的品牌、样式相当多元化，但宽度和高度却不会有太大差异。电视柜设计为层高 20 cm 左右、宽度 60 cm 左右、深度 50 ~ 60 cm，便可为设备提供插座接头、电线转动的空间，再配上一些活动层板，大多数游戏机、影音播放器等就都可以被收纳了。

问题 028

设计电视柜时，高度要如何设计才合适？

随着液晶电视机越做越薄，电视墙的厚度也可以相应减少，但不同类型的墙（承重墙和非承重墙）设计时必须按照荷载计算出一定厚度，以免留下安全风险。在电视墙上设计悬挂式电视柜，可以设计为离地约 45 cm，深度则可以设计为 60 cm，方便收纳各类视听设备。

图片提供　里心设计

离地面约 45 cm

问题 029

我的书有高有低，如果想定制一个书柜，有没有一些标准尺寸可以参考？

空间设计　福研设计

书柜用于收纳各类图书，包括一般图书、漫画、杂志，以及一些大开本精装书等，需容纳的深度与高度也因此有许多变化。如果没有明确设定为收纳某种单一类型图书，多建议以 A4 纸张大小来进行规划，即深度 25 cm 左右，并利用活动层板来增加使用的灵活性。另外，考虑到材质本身的承重能力，一般书柜的层板多为 2 cm 厚，跨距最好在 60 ~ 70 cm 范围内，最多不要超过 120 cm。若跨距超过 120 cm，则应寻找适合的板材增加厚度，至少需 4 ~ 6 cm，且必须在中间增加一些额外支撑，不然就容易出现"微笑层板"的凹陷问题，从而缩短书柜的使用寿命。

问题 030

我想要一个双层书柜，可以有哪些做法？

双层书柜设计能为空间多争取一层收纳空间。一般来说，这类书柜可以有顶天立地的做法，也常见"柜中柜"的方式，为方便移动书柜拿取图书，常搭配轨道设计，将后方书柜的外框延伸出来作为轨道路径，让书柜高度变得更灵活。至于两个柜子各自要做多深，或是否需要结合其他收纳功能，则要看业主的收纳需求了。

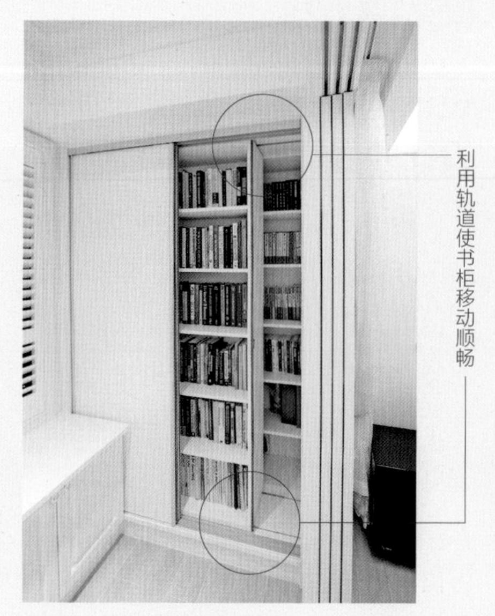

图片提供　摩登雅舍室内设计

问题 031

我有一些光盘需要收纳，柜子尺寸做多少比较好？

虽然如今 CD、DVD 的使用日渐较少，但仍有一些家庭的视听设备会用到音乐光盘和游戏光盘，它们的收纳也需要考虑。这些光盘包装盒的宽度约为 11.5 cm，因此收纳柜的深度可以用一个光盘盒的宽度加上 1 ~ 2 cm（约 13.5 cm）来规划。高度上则可以设置一些活动层板，以便在遇到一些特殊包装的尺寸时，可以自由地调整收纳高度。

插画 张小伦

设计活动层板，便于调整高度

问题 032

想要在客厅设计一个有展示功能的收纳柜，尺寸怎么设置比较好？

在公共活动空间中，开放式收纳柜可以兼具收纳和展示功能，由于收纳物品变化较大，因此规划时并没有固定的尺寸标准。但是为了满足展示需求，此类柜体的深度一般不会超过 45 cm，若只是单纯的展示柜，甚至可将深度规划在 30 cm 以下。另外，为了方便拿取物品，建议单层层高要比展示品高 4 ~ 5 cm。若使用层板，则可在两侧的柜板上打洞，方便随时变换高度。

图片提供 摩登雅舍室内设计

小贴士 以书柜深度为基础进行设计

如果没有特别强调展示哪一类型的物品，不妨将柜体深度设置在 36 ~ 40 cm，不会显得太深，没有物品需要展示时，也可作为书柜使用，可以说是一举两得。

问题 033

想把电风扇、吸尘器等家电都收纳起来，必须要做大型储藏室吗？

想要收纳吸尘器、电风扇等较大型的家电，不一定需要大型储藏室，只要有一个深度约为 60 cm 的柜子，便能满足收纳需求。搭配活动层板，下层用于收纳大型家电、行李箱等物品，上层则可以放置卫生纸等生活杂物或使用率较低的配件。

插画 吴季儒

小贴士 在公共区域完成收纳

通常不建议将清洁打扫或公共区域使用的家电收纳在书房、卧室这类私人空间，可以在玄关、客餐厅的畸零空间中收纳，或在玄关柜、餐边柜等柜体中规划收纳区域。

问题 034

家里的酒类很多，要怎么收纳才能显得既整洁又一目了然呢？

若收藏的酒种类众多，瓶身大小不一，可以考虑在柜体中陈列出来进行展示。而红酒一般多为横置平放收藏，酒柜深度不能太浅，要让瓶身放置得稳固，以免因摇晃而掉落出来。一般来说，红酒柜的深度做到 60 cm 即可，若想卡住瓶身，宽度和高度均应在 10 cm 以内。

图片提供 拾隅设计

3. 空间

餐厅、厨房

小贴士 厨房动线建议

一般来说，厨房建议以“水池→操作区→灶台”的顺序进行规划，这种动线使用起来是最顺手的。

问题 035

L 形厨房和 U 形厨房，在搭配柜子时需要注意什么？

L 形厨房和 U 形厨房的柜体需要特别注意转角处的收纳，比如可以使用转角拉篮，从而有效利用空间。另外，也可以使用旋转蝴蝶盘放置锅具，不过由于它的圆形设计，还是会有一些空间被浪费。

插画 张小伦

问题 036

想在操作台上增加整排吊柜作收纳，大概做多深比较合适？

吊挂在上方的吊柜基本上以收纳轻型的餐具、调味品等小型物品为主，且为了不影响下方操作区的使用，深度一般不会太深，设计在 45 cm 左右即可。

问题 037

有很多锅碗瓢盆想要收进厨房下柜中，深度该怎么设计？

吊柜下方的橱柜多用来收纳锅具之类的大型重物，为了方便水池、操作台面使用的便利性，其深度多会配合台面设计为 60 cm 左右。形式上有抽屉式和拉门式两种选择，需特别强调的是，为了方便抽拉，橱柜的抽屉不能做到底，而是以最适合抽拉的 50 cm 左右为佳。

问题 038

怎样的橱柜和吊柜高度才是适合使用的高度？

厨房下方橱柜的高度多为 80 ~ 90 cm，上方吊柜则建议与操作台留出 60 ~ 70 cm 的高度差，并离地 145 ~ 155 cm，至于顶部则依个人的使用需求，可选择通顶或不通顶。但不论哪种类型的柜体，仍建议按照使用者的身高和习惯来规划，这样设计出来才能更符合使用者的需求。

插画　张小伦

问题 039

厨房电器柜需要多大的空间？在设计时需要特别注意什么？

为便于散热，电器柜的深度和宽度建议在 60 cm 左右

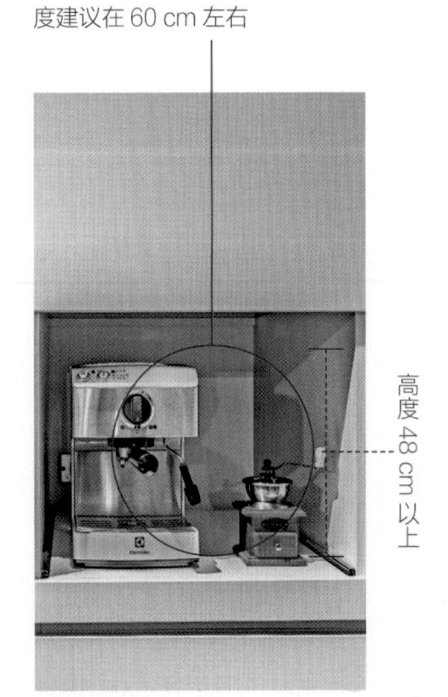

图片提供　里心设计

微波炉、烤箱等电器不仅外形较为方正，尺寸也相差不多，在设计时只需注意散热问题就可以了。一般来说，将收纳柜设计为深度和宽度约 60 cm，高度 48 cm 以上即可。但若遇到像电热锅和饮水机等体积变动较大且有水蒸气问题的电器，建议做成抽拉式托盘，或增加收纳柜的高度，甚至做成上方开放式的设计，以降低水蒸气对板材的影响。

若没有设计专用的电器柜，可以将微波炉或小烤箱放在厨房或餐厅柜体的台面上，使用时较为方便顺手。或放置在低于 90 cm 的平台，让其顶部高度在柜体台面之下，可以降低视觉上的存在感。或增加可向上掀起的柜门，不使用时放下柜门即可隐藏电器。

问题 040

电器柜设计多高才方便使用?

为保证操作方便、顺畅，将烤箱、蒸箱、微波炉等设备放置于电器高柜中时，其摆放高度必须要考虑使用者的身高。采取上下堆叠的方式放置时，应以上方电器高度为基准，由上向下顺序摆放。一般来说，使用频率低、重量较重的烤箱应放在最下方，上方放其他电器。以身高 165 cm 的使用者举例，使用者平视电器显示面板的高度约为 155 cm，减去蒸箱高度（通常为 46 cm），然后在其下方放置烤箱，是较为适合的放置方式。若烤箱摆放于低柜而非高柜，则在人体工程学可接受的范围内即可，但烤箱底部与地面的距离最小应为 30 cm 左右。

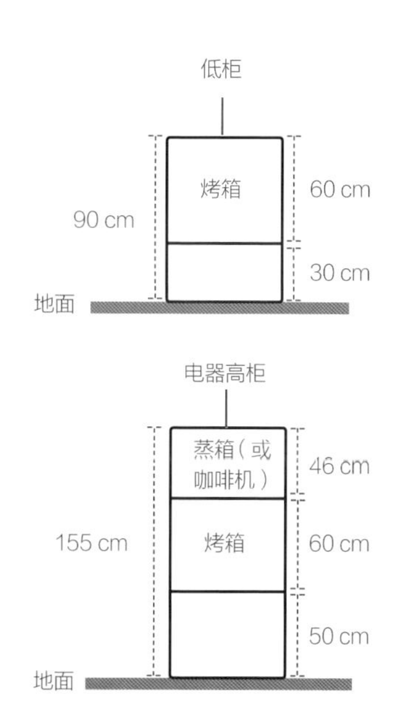

问题 041

把常用调料放在吊柜中使用不方便，但又不想摆在台面上，该怎么办?

如果是常用的食用油和调料等，可以在燃气灶正下方加装抽屉、侧边窄柜，或设计隐藏式收纳柜，以及在墙面上设置收纳层板，都能满足整齐且便利的使用需求。这类收纳工具多有既定尺寸，但究竟要选择哪种规格，还需根据使用空间进行规划。

摄影 Yvonne

问题 042

我收集了很多国内外的餐具，要怎么收藏才不会占空间？

随着时代转变，餐厅承载了越来越多的复合式功能，比如书房、工作室等，于是结合收纳的展示柜或书柜便渐渐成了餐厅柜体设计的常客。这类收纳柜可以展示更多物品，比如餐具，既可以选择在现成的橱柜中摆放，也可以根据摆放物品的尺寸设计一层深度略浅的展示层。

摄影　邱如仁

问题 043

放餐具的抽屉太大，东西混在一起要找好久，有什么好的解决方法？

不论是餐边柜还是橱柜，体积比较小的餐具如筷子、汤匙等，通常会被规划在橱柜的第一、二层，可以利用一些高度较低（8 ~ 15 cm）的抽屉，搭配简易收纳格分类收纳，就能快速而清楚地找到所需的物品了。

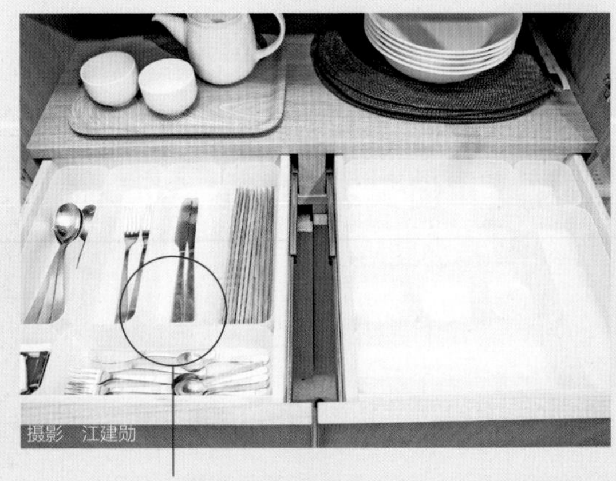

摄影　江建勋

利用收纳格分类，餐具拿取更方便

4. 空间

卧室、衣帽间

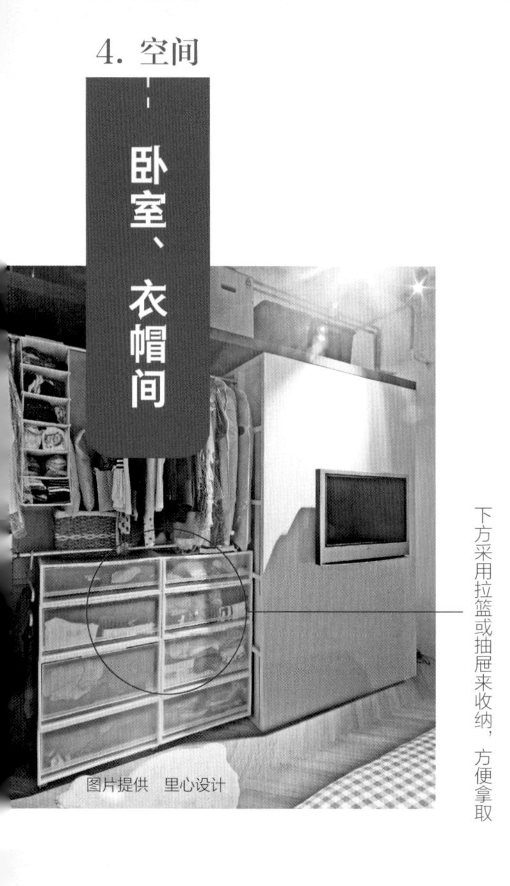
图片提供　里心设计

下方采用拉篮或抽屉来收纳，方便拿取

问题 044

一般衣柜可以怎样规划各收纳区域?

一般来说，衣柜的收纳区域多分为挂衣区、叠衣区和内衣收纳区，以及行李箱、棉被、过季衣物等杂物收纳区。一般来说，除非有特别要求，挂衣杆的高度通常可以设置为 190 ~ 200 cm，上层空间多用于收纳杂物，而下层空间则视情况采用抽屉或拉篮的设计，方便拿取低处物品。另外，考虑到层板的承重能力，每片层板的跨距最多不应超过 120 cm。

问题 045

夫妻两人的衣服种类非常多，长度也都不同，挂衣区应该怎么设计?

插画　张小伦

一般建议将男性和女性的衣物分类收纳，譬如挂衣区基本高度为 100 cm，但如果有连衣裙或长大衣，则需要将吊挂高度增加到 120 ~ 150 cm，或直接采用挂衣区落地的方式，下方搭配收纳盒即可。但如果有较多的大件上衣，不想让衣服下摆拖到层板上，则可以适当降低下层抽屉的高度，或将其改为长度略短的裤子的吊挂空间（50 ~ 60 cm），就能为上层挂衣区腾出空间了。就高度而言，不一定要将挂衣杆设定为 190 ~ 200 cm，可以考虑降低高度，更方便拿取。

问题 046

每次开关衣柜柜门时都会卡到衣服，衣柜应该做多深才好呢？

以侧面吊挂式收纳为主的衣柜，深度需模拟一般人正面肩宽的宽度，即 55 ~ 58 cm，因此衣柜的深度至少需要 58 cm，再加上柜门本身的厚度约 2.3 cm，平开门式衣柜的总深度约为 60 cm。推拉门式衣柜的总深度为 65 ~ 70 cm，这是因为推拉门多了一道柜门的厚度。而在省略柜门、强调开放式设计的衣帽间中，深度只需要 55 cm 就好。

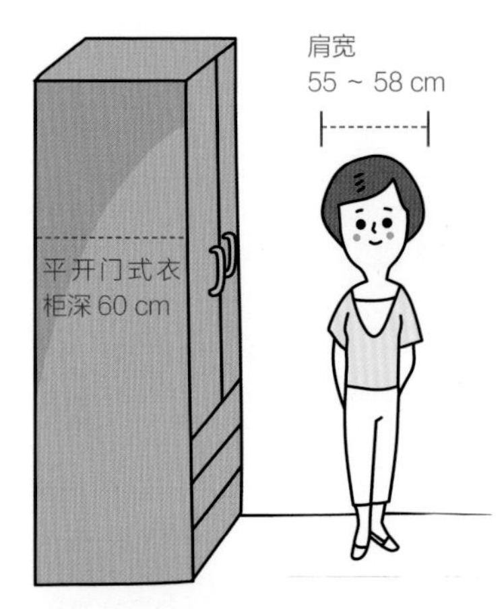

插画　张小伦

小贴士　按照习惯改变柜子深度

一般衣柜深度会设计为 60 cm，是为了给吊挂衣物足够的空间。一般折叠衣物的长、宽在 40 cm × 40 cm 以内，因此如果需要吊挂的衣物较少，或是想规划一个专放折叠衣物的柜子时，不妨按照使用习惯缩减柜子深度，形成单排收纳，衣服位置可一目了然。

问题 047

抽屉、层板样式众多，差别在哪里？有哪些尺寸可供选择？

衣柜下层收纳区，除了拉篮这类配件有固定尺寸外，其他形式可以配合使用者的需求来设计高度。常见高度有 16 cm、24 cm 和 32 cm，分别适合收纳内衣裤、T 恤、冬装及毛衣等不同衣物，灵活性非常强。

可用开放式柜体放置未洗衣物

图片提供　杰玛室内设计

问题 048

想把穿过的外套挂起来通风，但又不想和干净衣物放在一起，该怎么办？

现在越来越多的人希望在卧室增加一处吊挂穿过的大衣或外套的空间，此类柜体多会采取开放式设计，吊杆宽度能供 4 ~ 5 件衣服吊挂即可，下方还可增加层板放置其他上衣和牛仔裤。若想进一步分区，则建议使用纱网等透气材质进行分隔。

问题 049

冬天的棉被换季时要怎么收纳？多大的空间才够放？

棉被在换季时需要收纳起来，建议收纳在衣柜上层，将方便拿取的下方空间留给较常用的物品。除了放在衣柜上层，现在也有人选择用下掀式收纳柜将棉被收纳于空间下方，或者放在有收纳功能的床体中。

图片提供　甘纳空间设计

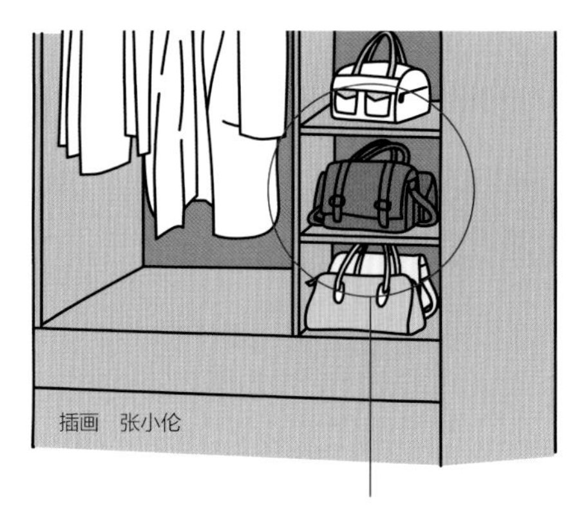

小贴士 用防尘袋包覆，避免落灰

不常用或过季的包，建议用防尘袋包好后再收纳，避免灰尘落在包的表面。

问题 050

有没有什么简单的技巧，可以将衣物跟包分开收纳？

规划包的收纳区时，可以用层板隔出开放式分格来收纳。分格的高度可以根据包的高度设置，利用活动层板灵活变化。这种开放式设计以及将包分开摆放的方式，既可以防止包变形，又可以保证通风效果，避免发霉。如果不介意将包堆在一起，也可以选择直接在衣柜下方规划一个高度约 50 cm 的大抽屉进行收纳，既简单又方便。

问题 051

各式各样的领带怎么收纳？设计上有哪些方式？

领带收纳可以分成吊挂式和抽屉式两种方式。前者可通过专门用来吊挂领带的收纳架进行收纳，不仅方便，而且节省空间。但当领带数量过多时，这种方式就不易搜寻到想要的领带了。后者借由格子抽屉来收纳，可以一目了然地看清领带样式，但占用空间较大，且收纳的便利性也略逊一筹。在尺寸上，格子抽屉每格的高度、深度、宽度都约为 10 cm 是较为适合的大小。

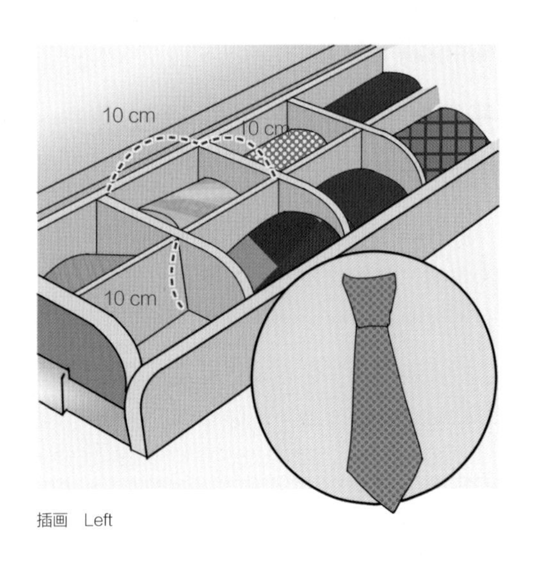

插画 Left

储藏室

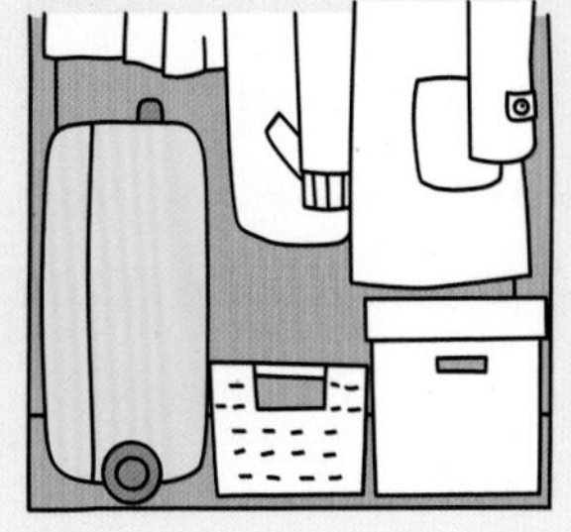

衣柜下方

插画 张小伦

问题 052

大小不同的行李箱可以收纳在哪里？柜子的尺寸该如何设计？

行李箱有各种规格，高度从 50 cm 到 90 cm 不等，宽度和深度也各有差异。因此，在行李箱的收纳规划上，要依照业主的使用频率、物品大小和多寡来决定应该要收纳在哪个空间中。比如一些使用频率较低的中小型行李箱、登机箱，可以直接放在衣柜上方；但若行李箱使用率高，或是尺寸较大，则建议放在储藏室或衣柜下方等便于拿取的空间。

问题 053

孩子的衣柜要怎么设计才方便收纳呢?

孩子成长的速度很快，因此衣柜不需要为现阶段特别设计，以免以后无法继续使用。建议按一般尺寸制作即可，内部多使用一些活动层板或抽屉，以便未来能够随时调整。孩子的身高较矮，因此可将衣物放在下方收纳，方便他们自己拿取。建议降低挂衣杆，上方可以空出来收纳玩具。孩子常穿的衣物可以在适合拿取的抽屉或叠衣区收纳，不常用的或是特别的衣物可以在挂衣区收纳。

图片提供 摩登雅舍室内设计

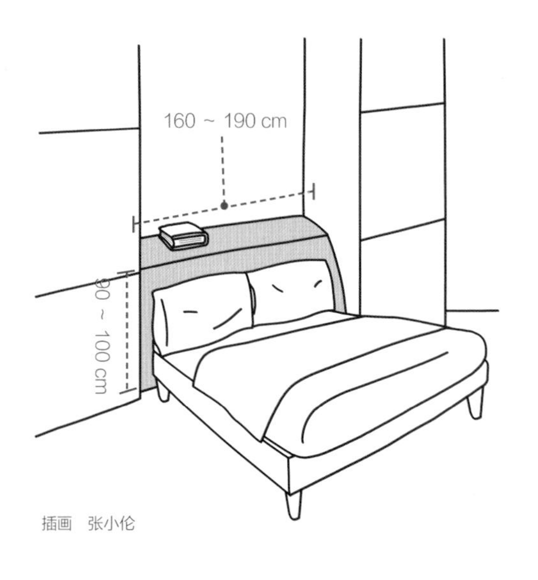

插画 张小伦

问题 054

床头柜的样式有哪些?基本尺寸是多少?

卧室的床头柜主要有两种形式，一是位于床头两侧的边柜，这类柜体的尺寸因人而异，没有固定标准。二是位于床头后方的背柜，有些是为了避免床头压梁而设计的，这种柜体的厚度会随着梁的尺寸而改变，还有一些具有收纳功能的背柜，厚度会根据具体需求设定。背柜的常见尺寸是：宽 160 ~ 190 cm，高 90 ~ 100 cm。

问题 055

我想要一个梳妆台，有哪些样式和尺寸可以选择？

梳妆台为女性提供了梳妆打扮的场所。梳妆台的高度可根据使用者的身高定制，一般台面可以设计为离地 75 cm 左右，镜面相应再高 10 cm。由于化妆品高矮不一，难以找到一个共同的收纳方式，不妨在梳妆台的台面设计一个深度为 15 ~ 20 cm 的小凹槽，一次性解决各类高矮不同的化妆品的收纳需求。

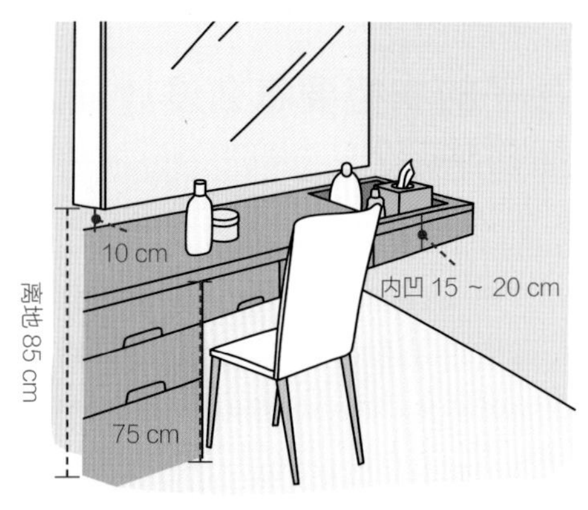

插画　张小伦

小贴士　白光＋黄光：昼夜都美的梳妆台照明

考虑到白天和黑夜不同光线条件对化妆效果的影响，梳妆台可以同时使用黄光和白光，以保证不论何时都可以画出精致妆容。

图片提供　演拓空间设计

问题 056

化妆品高度不一，全部放在桌面上，既占空间，又不好看，怎么收纳才恰当？

如果觉得化妆品放在桌上显得凌乱，可以将化妆品都收进抽屉里，并在抽屉里设计分格。分格式设计能让每样化妆品都整齐地摆放，不仅拿取方便，而且能一目了然地看到所有物品。

问题 057

如果想要收纳一些饰品类小物件，该怎么设计？

一般来说，项链、手链、耳环等饰品，多建议与化妆品一同收纳在梳妆台，比如选用一些现成的展示架摆放。若想收纳在抽屉里，则可以依照个人需求做简单的分隔，抽屉高度只需 8 ~ 12 cm 即可。

问题 058

要多大的空间才能规划出一间衣帽间?

若想保持空间顺畅没有压迫感，建议衣帽间最少要留出 3 ~ 5 m^2 的空间。以此类推，卧室至少需要 8 ~ 10 m^2 才能隔出一间衣帽间。一般来说，衣帽间常与卧室相连，若再加上卫生间，三个空间可位于一条直线上，形成“卧室→衣帽间→卫生间”一字形动线。这样，在衣帽间更衣后就能直接进入卧室或卫生间，方便又快速。但缺点是衣帽间位于卫生间旁边，衣物可能会沾染到异味。也可以另辟一处空间作为卫生间，与卧室、衣帽间隔离，但仍与卧室相邻，这样可以隔离卫生间和衣帽间，改善一字形动线配置的缺点。

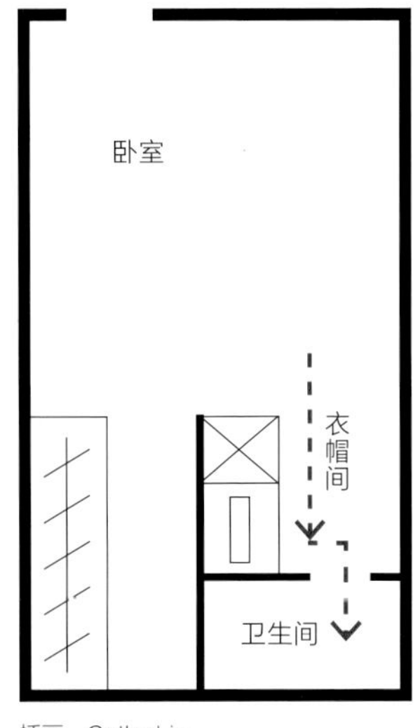

插画 Cathy Liu

5. 空间

卫生间

问题 059

卫生间的浴柜高度设计为多少最好用? 深度和宽度呢?

纵观所有的柜体设计，一般来说，为方便使用，书桌、橱柜台面和浴柜台面可以将深度设计为 60 cm 左右。而浴柜不像橱柜、衣柜等有一些固定尺寸可供参考，其柜面到底要做多大，还应根据自家空间大小进行适度调整。浴柜高度设计为约 78 cm 即可。

问题 060

若希望卫生间的镜柜也可以收纳东西，尺寸上有什么需要注意的吗?

不同于多是坐着使用的梳妆台，浴室镜柜多是站立使用，因此其高度也随之提升。柜面下缘通常离地 100 ~ 110 cm，柜面深度则多设定在 12 ~ 15 cm，主要以收纳牙膏、牙刷、刮胡刀、简易护肤品等轻小型物品为主。

问题 061

我家是双层复式户型，楼梯下方空间可以怎样利用？

对于小户型来说，楼梯下方的空间也不可浪费，需要好好利用。但究竟要规划成什么样子，还是要根据楼梯位置和使用者需求而定。其中最常见的方式就是通过增加抽屉或柜门设计，配合梯身形状，将空间规划成大型抽屉柜或储物柜（一般楼梯每阶高度为 18 ~ 20 cm，深度常在 25 cm 以上）。

图片提供 日和设计

图片提供 拾隅设计

开放式设计，方便孩子拿取

问题 062

希望能将孩子的玩具和图书整合收纳，怎么设计比较恰当？

考虑到孩子的身高，为了方便他们拿取图书，柜体高度通常设定在 75 cm 以下。而玩具可以用深度够深、放得下大小玩具的玩具箱或网篮收纳，收纳空间则以开放式柜体为主，方便将盒子或篮子直接推入，让孩子练习自己收纳玩具和书籍。

问题 063

希望在榻榻米地板下设计收纳空间，尺寸该怎样确定？

现在榻榻米常会在桌子的位置规划一个下凹空间，不仅可以让使用者坐下时双脚舒适地着地，也便于平时让桌子隐藏起来。因此，榻榻米的高度依据人体工程学，可规划在 40 ~ 45 cm，而宽度和深度则要根据收纳类型、五金长度而进行设计。一般来说，榻榻米地板的收纳设计可分为抽屉式和上掀式两种方式。前者考虑到使用的便利性和抽屉轨道五金的长度限制，大多会规划在 50 ~ 60 cm，宽度则按需求来设计。后者虽看似不受五金长度限制，但仍需考虑五金和地板结构的安全性与承重性。

图片提供 白金里居空间设计

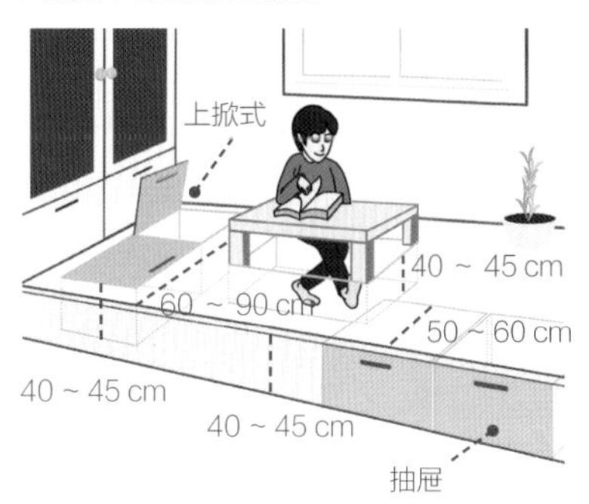

插画 吴季儒

插画 吴季儒

小贴士 抽屉式代替上掀层板，使用更便利

如果要给飘窗设计收纳功能，可以用抽屉式代替上掀式设计。在拿取下方物品时，只要把抽屉拉出来即可，而不需要清理台面杂物以便掀开上方层板，使用起来相当方便。

问题 064

想要在飘窗增加收纳功能，该怎么做？

客厅、书房和卧室等空间常会在窗边规划飘窗。为了坐卧的舒适性，建议按照人体工程学的数据，将高度设计为 40 ~ 45 cm。宽度则可以按照需求来设计，如果想让双脚更舒适地放在上面，建议将宽度定为 50 ~ 60 cm。

收纳柜的定制

问题 065

听说现在定制柜体的制作和安装都很方便，并能缩短装修时间，是真的吗？

现在的定制柜体由设计师或设计公司设计好图纸之后，交由工厂裁切板材，然后运送到用户家中，由工人进行专业组装。工人们使用高效的现代工具，所用时间较短。比如涂刷胶体，使用机械喷枪只需要 2 分钟左右即可完成，压合时使用自动压合机仅需约 30 秒即可完成，快速且省力。

图片提供　拾隅设计

问题 066

在施工上，定制家具有哪些优点？

定制家具最大的优点就是量身定制，施工方便。板材预先在工厂完成裁切、胶合、修边、封边等工序，安装工人在施工现场只需要按照定位来组装，不但省时省力，还可以缩短施工时间，减少噪声和粉尘，保证空气质量和空间整洁度。

定制书柜，按需求定制特殊座位，尺寸更自由

问题 067

定制柜体可以做出造型变化吗？

现在的装修市场上，板材花样众多，不但花纹多样，造型上也可以做出很多变化，让柜体外观更加活灵活现。除了常见造型，柜体板材还可以通过机械裁切制造出斜角、圆弧等造型，结合不同色彩，勾勒出彩虹、云朵、猫咪等多种造型，达到丰富空间视觉效果的作用。不过，弧形板材需要另外定制，价格也会比常见的板材高。

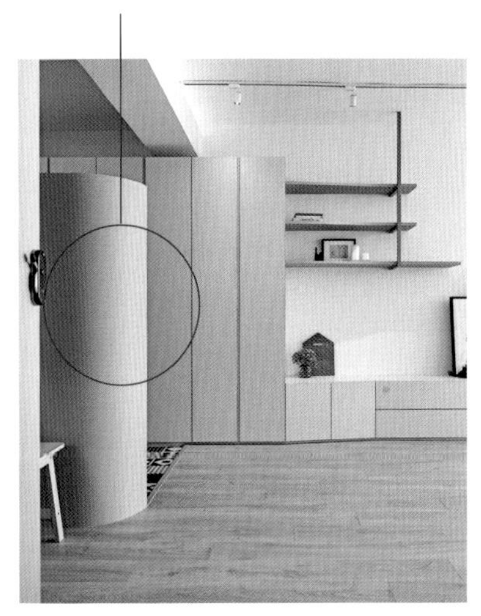

图片提供　实适空间设计

问题 068

如果预算有限，定制柜体可以节省哪些成本？

拿定制柜体来说，造型不要过于复杂，减少非必要性的装饰工艺或配件，也不要挑选特殊颜色或深压纹等价格较贵的板材，把设计重点放在基本需求上，以收纳和展示为主，就能在有限预算内兼顾功能与外观。

图片提供　实适空间设计

问题 069

定制家具的成本很高吗？

对业主来说，定制家具的价格比成品家具要贵一些，但住起来也会更加舒适，用起来更方便。这是因为量身定制的柜体可以实现业主需要的所有功能，而这是成品家具所不具备的。定制柜体的具体费用会因板材类型、造型而有所差异，不同厂家的计算方式也可能有所不同，最好提前问清楚再做决定。

图片提供　馥阁设计集团（FUGE GROUP）

柜子、书桌、拉门一体式设计，平时可将书桌部分隐藏，使用时再拉开

问题 070

定制柜体的板材承重力如何？

板材有厚薄之分，可根据具体设计选择适合的板材厚度。以书柜为例，若板材承重力不足，使用久了的话，板材会因图书或物品的重量超出承重力而出现下垂、弯曲甚至断裂的情况。因此，在设计之初便应将书柜跨距、深度及板材厚度、承重力一并考量，避免出现上述问题。书柜层板如果选择 18 mm 或 25 mm 厚度的板材，跨距可以设计为 60 ~ 70 cm，再用金属配件加强支撑结构，就能解决承重力不足的问题。

书柜跨距建议为 60 ~ 70 cm，避免板材弯曲下垂

图片提供　拾隅设计

问题 071

摄影　江建勋

定制柜体可以满足环保的要求吗？

定制柜体可以使用多种板材，比如胶合板、密度板、颗粒板等。如果比较注重环保问题，可以选择用环保材质制成的板材，这类板材所用的胶粘剂由天然成分制成，很少或几乎不含甲醛，因此对室内环境和居住者健康没有影响。依照我国国家标准《室内装饰装修材料　人造板及其制品中甲醛释放限量》GB 18580—2017，室内装修中所用板材应达到 E_1 级别的要求，即甲醛释放量小于或等于 0.124 mg/m³。建议用户在定制柜体之前，要问好板材是否达到环保要求，可以让商家出示相关证书以证明产品质量，这样才能做到用得放心。

问题 072

想要充分利用畸零空间，定制柜体可以怎样设计？

不同的空间可以利用定制柜体或其他方式做出各种变化，比如小空间可以通过五金强化收纳功能，畸零空间可以定制柜体将其改造成收纳空间。若有特殊需求，比如想要降低畸零空间的存在感，也可以定制有造型的柜体来实现需求。

图片提供　拾隅设计

问题 073

定制柜体的流程大概包括哪些？

（1）门店看样：在门店看想要购买的材料的实物样品，了解不同品牌产品的区别，以及板材、五金的功能，选择适合自家使用的品牌产品。

（2）测量尺寸：自行测量或请设计师到家中测量尺寸，了解家居空间和动线的情况，就使用需求、预算等做更进一步的沟通。

（3）设计讨论：设计师针对需求做适合空间的设计图，并解析设计图的思路与细节。

（4）签订合同：沟通之后，与设计方或厂商确定合同，要特别留意保修条款、施工流程、汇款方式等，确认好后再签订。

（5）确认设计图：再次确认设计图是否符合需求，可就细节处再做修改与调整。

（6）下单制造：一般来说，签完合同、确认设计图之后，厂商便可以准备制作了（如果是找设计师来设计，设计师会代为向厂商下订单），进行备料、制造、出货等工作。

（7）施工安装：约定时间，请工人来家中安装柜体。

（8）完工验收：安装完成后，要确认柜体质量以及安装是否正确，有无问题需要改进。

问题 074

有些商家说自家板材是 E_1 级别，这是什么意思？

有些商家说自己的板材是 E_1 级别，这是就板材的甲醛释放量来说的。根据《室内装饰装修材料　人造板及其制品中甲醛释放限量》GB 18580—2017，相关板材的甲醛释放量限值为 0.124 mg/m^3（由 1 m^3 气候箱法测定，若是干燥器法，其测定数值及使用单位有所差异），即 E_1 级别（只有此一个级别）。

图片提供　实适空间设计

问题 075

定制柜体商家要怎么挑选呢？

定制柜体商家大致有装修公司、工厂直营以及设计师工作室三种，每一种都有其优缺点，应在仔细了解、询问价格及评估之后，再选择适合自己的商家。

装修公司的优点是产品质量较为稳定，有固定施工团队，施工水准有一定保障。此外，服务也较为完善，消费者在使用上若出现问题可以向公司寻求帮助。

工厂直营的商家通常费用会低一些。

独立设计师一般具有多年室内设计的经验，在构思柜体设计图时，能将家居空间和业主的生活需求进行综合考虑，甚至将一些细节如特殊尺寸需求等纳入规划中，让定制柜体更贴近使用者需求。

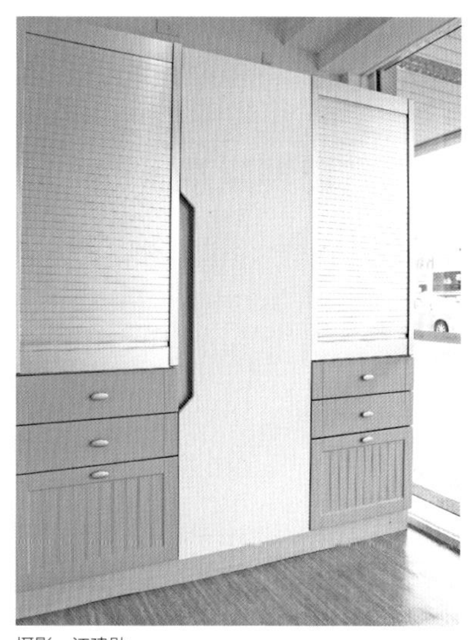
摄影　江建勋

摄影　江建勋

问题 076

想要局部更换柜体，是否可行？

现在的定制柜体虽然是由板材拼接而成的，但是板材的尺寸都是根据设计图纸精确裁切的，并且安装之后要进行加固。除了板材之间的连接，有些材板与墙面也会粘接在一起，若进行拆除，可能会破坏墙面，因此安装好的定制柜体最好不要轻易改动。如果在定制柜体的时候预计以后柜体内部格局会根据需求有变动，可以采取在内部使用活动层板的方式，从而增加使用的灵活性。

问题 077

在卫生间定制柜体，板材方面有什么地方需要注意？

现在的板材有很多优点，比传统木板更防潮，但由于板材质地仍为木材，应谨慎在相对潮湿的环境如卫生间使用，以免变形。若想在卫生间柜体中使用，建议考虑使用发泡板。另外，搭配板材的五金也要注意防潮性能，比如考虑使用不会生锈的不锈钢材质。

图片提供　拾隅设计

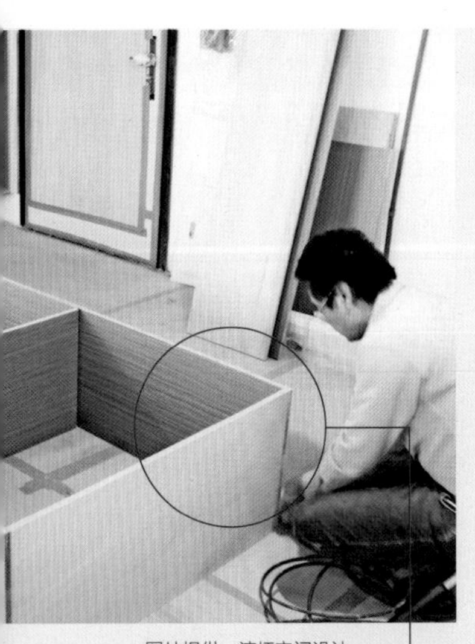

图片提供　演拓空间设计

拆除定制柜前应先评估费用及方式

问题 078

如果想将定制柜体搬迁到新家，需要怎么做？

一般来说，定制柜体是根据家居空间的尺寸来设计的，不一定适用于新家。但若确实有搬迁柜体的需求，可以和商家商议搬迁事宜。如果商家可以提供拆除、修补等相关服务，可以请商家到新家测量空间尺寸，按照原有板材的外观、颜色来做增减或修改。

问题 079

商家标出的定价有高有低，定制柜体到底怎么计算价格？

标价有高有低，是因为不同的商家采用的算法不同。目前市面上有多种计价方式，较为常用的是按投影面积计算和按展开面积计算两种。

按投影面积计算（长 × 高 × 单价）更适用于衣柜，如果定制复杂的榻榻米、电视柜、玄关柜等就不适用了。而且投影面积只是基础柜子的报价，如果想加隔板、加抽屉、加五金或者有多功能设计，这些增项会增加不少费用。

还有一种用得比较普遍的算法是按展开面积计算，相对来说更加准确，用了多少板材就收多少费用。一般由设计师先算一遍报价，再用计量软件计算一遍，最后工厂的拆单人员会严谨地再计算一遍，最终的那个价格一般是比较准确的。

问题 080

板材的花纹、颜色丰富，在挑选时应该注意哪些事项？

以目前常用的几种花纹来说，木纹板材在运用上可以搭配同色系，也可以不同色系混搭。如果是后者，必须特别注意颜色的比例，避免在视觉上显得杂乱。大面积的仿石纹则要留意板材的切割线，切割线太多会破坏整体的视觉美感。仿清水混凝土的板材色调和质感偏冷，建议搭配温润的木纹板材或纹路深刻的板材，让空间更有温度。

问题 081

定制柜体时要怎样提高五金的配合度？

想要提高定制柜体与五金的配合度，就要注意两者的尺寸问题。如果尺寸设计得好，那么配合度就会高一些。若直接采用标准尺寸的五金，那么柜体设计的时候就要注意配合标准尺寸来设计，以免安装之后出现不匹配的情况。

定制柜的尺寸与所用五金尺寸相符合，因此配合度较高

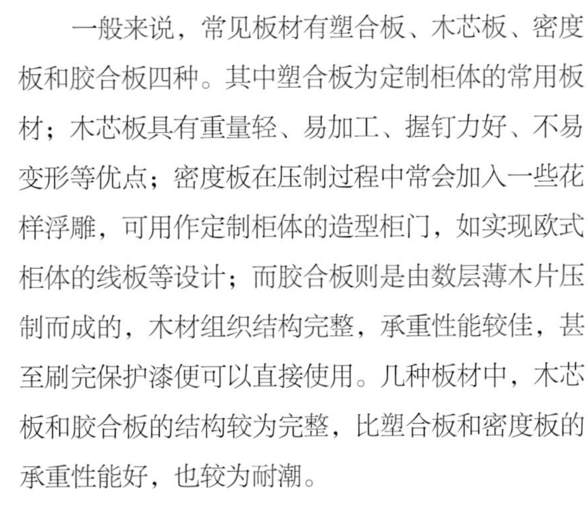

问题 082

家里的柜子才用了一年多，板材就坏了，有什么板材较为耐用？

木芯板

密度板

胶合板

摄影　Amily

一般来说，常见板材有塑合板、木芯板、密度板和胶合板四种。其中塑合板为定制柜体的常用板材；木芯板具有重量轻、易加工、握钉力好、不易变形等优点；密度板在压制过程中常会加入一些花样浮雕，可用作定制柜体的造型柜门，如实现欧式柜体的线板等设计；而胶合板则是由数层薄木片压制而成的，木材组织结构完整，承重性能较佳，甚至刷完保护漆便可以直接使用。几种板材中，木芯板和胶合板的结构较为完整，比塑合板和密度板的承重性能好，也较为耐潮。

问题 083

除了板材，柜体还会使用哪些其他材质？

以往多用于柜体收边或造型装饰的收边条，因其轻薄而坚固的特性，不仅能突破层板跨距的限制，而且能让空间显得轻盈。虽然单价较高，但逐渐成为柜体常用的材质之一。

在科技快速进步的现代，柜体材质也逐渐打破既定规则，使用越来越多的实验性材质或创新材质。比如以“废物利用”为概念，使用瓦楞纸打造的环保书柜；或是强调无接缝、可以一次成形塑造各种造型的玻璃钢（又称为“玻璃纤维增强塑料”）等，只是目前用于家居设计中的仍为少数。

图片提供　里心设计

问题 084

喜欢实木的质感，但实木板材较不易保养，该怎么办呢？

实木是许多人喜爱的材质之一，而像桧木这样有自然香气的木材，更加讨人喜欢。但实木材板的价格偏高，因此建议考虑预算。另外，实木板材的防潮性较差，在气候较为潮湿的地区或者像卫生间之类的潮湿空间，若一定要使用实木板材，应使用除湿设备加以辅助。

图片提供 权释国际设计

问题 085

有的柜子会有一股甲醛味，若家里有过敏者或孕妇，材质该怎么挑选才适当？

一般来说，我们闻到的甲醛味大多是由粘贴木皮或板材的胶粘剂产生的。若定制柜体时使用符合国家环保标准的低甲醛板材，则不需要太担心这一问题。如果不放心的话，除了让商家出示相关证明之外，还可以检查板材的角落，确认是否有认证标识。

问题 086

听说低甲醛材质虽然有利于人体健康，但却容易产生蛀虫问题，是真的吗？

一般来说，低甲醛板材不仅对人体无害，对虫子也无害，因此这类板材较容易产生蛀虫问题。要解决这一问题，可以直接对板材进行防虫处理，但这类处理方式只能做到板材表面防虫，因此也有人选择在蛀虫问题出现后，再以局部灌药方式除虫。事实上，若想要避免虫害问题，应做好环境除湿及清洁工作。

问题 087

卫生间的湿气较重，有推荐的浴柜柜门材质吗？

卫生间柜体设计更重视的是防潮性和耐久性，为了避免柜体损坏后需要重新规划，最好在最初规划时就选择如发泡板等完全防水的材质。柜门板材的选择除了要看防潮性之外，也要考虑柜体的规划位置和风格外观，没有既定规则。

图片提供　里心设计

卫生间柜体多使用防潮性佳的板材

问题 088

厨房常有油烟问题，柜子用什么材质会比较好清理？

一般来说，塑合板本身具有的防潮、抗霉、耐热、易清洁、耐刮磨等特性，因此比木芯板更适用于厨房的橱柜设计中。但不论哪种板材，都无法做到完全防水，因此在台面的选择上，还是以各类石材、不锈钢等防水材质为主。

问题 089

想要规划一个大书柜，哪种材质的承重性和耐用性比较好？

在规划书柜时，最应该注意的事情便是跨距。一般来说，柜体板材厚度多为 1.8 ~ 2.5 cm，如果想增加柜体承重性的话，可将层板厚度增加到 2 ~ 4 cm。柜体的跨距最好在 70 cm 以内，若板材密度较高，可做到 90 cm 以内，但最长不可超过 120 cm，以免发生层板凹陷的问题。

图片提供　摩登雅舍室内设计

问题 090

木材质有这么多种纹路，有什么不一样?

撷取天然木色置入家居空间的木材，因树的种类、截面以及树木生长环境的不同而拥有变化多端的色泽、纹理，这也是板材最迷人的特色之一。看似低调的木材纹理，会因不同走向而带来不同的视觉效果，比如直向木纹能扩大矮小空间的视觉感，横向木纹则能放大空间宽度。若想打造一面抢眼的主墙，可借由一些斜向木纹的板材或拼贴方式，来轻松达到想要的效果。

问题 091

柜子经过阳光照射后容易褪色，有方法可以补救吗?

若是实木家具的话，可在褪色部分刨掉表层的日晒痕迹，然后重新上漆即可。若是外层为木贴皮的板材，由于不是完整的实木，无法利用上述办法来补救，就算重新上漆，其效果也有限。因此若要预防此类问题发生，建议将家具放置在阳光照不到的地方。

问题 092

同样都是木贴皮，深色和浅色有什么不一样?

就观感而言，深色木纹（如胡桃木、柚木）给人的感觉较为沉稳、内敛；而浅色木纹（如白橡木）则在展现材质本身的自然、温润之余，还可营造轻盈、明亮的氛围。两种色彩的木纹并没有固定的风格限定或搭配模式，而是依照使用者的需求与空间风格而定。

浅色木纹较为轻盈

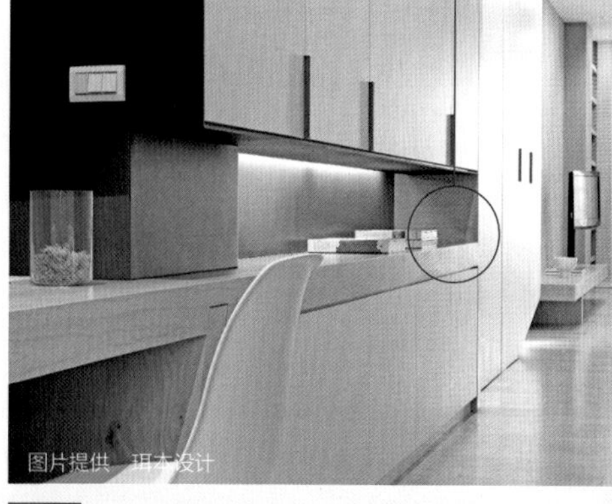

图片提供 理木设计

小贴士 适当选用厚木贴皮，反而更环保

使用厚度 0.6 cm 的木贴皮，比使用厚度 0.2 cm 的木贴皮更能有效利用整块木贴皮，并且以高压接合的方式替代胶粘剂黏合，虽花费较多木材，但更环保、更健康。

问题 093

柜门的材质有哪些种类？不同的材质有什么优缺点？

柜门使用的材质种类多样，一般可分为实木贴皮板材、美耐板板材、强化烤漆玻璃板材、钢琴烤漆板材、结晶钢琴烤漆板材等。下面我们将分别介绍不同材质的特点和呈现效果。

（1）实木贴皮板材：底材多为木芯板或密度板，表面再贴上实木贴皮。木质通常能呈现温润厚实的质感，不过实木贴皮本身有毛细孔，容易吸附脏污，因此保养时要特别注意。

（2）美耐板板材：底材为木芯板或密度板，面材为美耐板（本身是一种表面装饰材料）。这种板材具有防刮、耐热的优点，颜色多样，比如现在有一种可呈现金属光泽的美耐板，多用于橱柜柜门。但美耐板从四周封边贴成，若施工不够细腻，容易从边缝渗入水汽，出现翘边的问题。

图片提供 富美家

（3）强化烤漆玻璃板材：以木芯板为底材，以烤漆玻璃为面材的板材。其外观呈现光亮的质感，且硬度高，再加上表面的毛孔较细，不易脏污，较容易擦洗。

图片提供 弘第HOME DELUXE

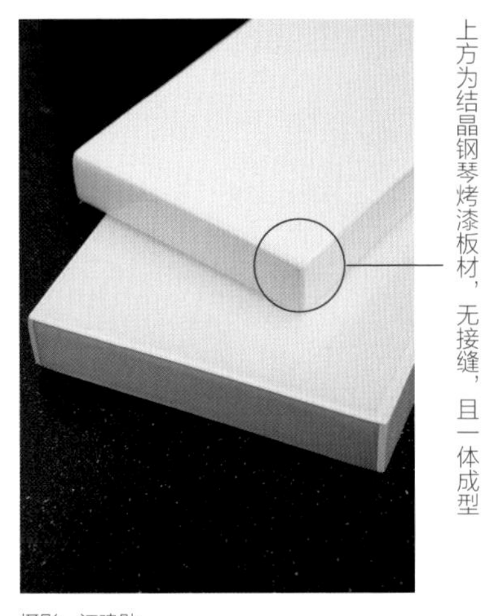

上方为结晶钢琴烤漆板材，无接缝，且一体成型

摄影　江建勋

（4）钢琴烤漆板材：底材多为密度板，表面需经过 7 ~ 10 层的烤漆工艺处理，外表光亮，质感佳，具有不易掉漆、易清洗的优点，能在小空间中呈现放大空间的效果。但每一批次生产的钢琴烤漆板材呈现的颜色不会完全一样，如果有一片柜门被刮伤，更换后的板材颜色可能会和其他柜门不一致。

（5）结晶钢琴烤漆板材：其外层为亚克力材质，价格较为便宜，也能呈现如钢琴烤漆般的光亮。但结晶钢琴烤漆的硬度较低，易刮伤，且表面颜色单一，仅有白色，好在表面可做出不同的花纹。

问题 094

听说美耐板有很多款式可以选择，这是真的吗？

美耐板具有耐磨、耐高温、防潮、易清洁等优点，让它在现如今的柜体设计中经常出现。随着技术的进步，现今的美耐板已经能模拟出木纹、皮革甚至金属质感等多种材质的质感，用户可选择的种类非常多。

图片提供　丰品室内设计中心

问题 095

听说过烤漆和喷漆，两者的区别在哪里?

很多人都会好奇烤漆和喷漆的差别是什么，简单来说，喷漆又称为“冷烤漆”，其实有点像是“山寨版”的钢琴烤漆。不同于真正需要在工厂完成工艺处理的钢琴烤漆（又称为“热烤漆”），喷漆是木工工人安装好柜体后，现场直接喷漆来达到类似烤漆的效果。喷漆的价格较低，施工期较短，更可依照柜体造型灵活选择漆料，但有粉尘问题，容易导致漆面表层出现点状颗粒，不能达到烤漆那样的平整度与质感。

图片提供 顽渼空间设计

柜门做烤漆处理，让柜体呈现亮面的光泽感

问题 096

想在柜门上安装镜子或玻璃，可以怎么设计?

同属于亮面材质的镜面和玻璃，能让空间看来更具时尚感，可说是现代风格柜门的常用材质。其中，具有反射性的镜面可以为空间带来延伸效果，常用于小空间，或者用于鞋柜柜门上，让柜门兼有穿衣镜的功能。透明的玻璃没有镜面强烈的反射性，却增加了更多柔软的质感。除了常见的透明玻璃、黑色玻璃、烤漆玻璃和喷砂玻璃之外，还有艺术性极高的彩绘玻璃、装饰艺术玻璃和夹绢玻璃等。这类材质虽不像透明玻璃那样拥有极高的光线穿透性，但在区分柜体内外空间之余，还有着极高的装饰价值。

图片提供 珥本设计

使用镜面作为柜门材质，具有放大空间的视觉效果

问题 097

如果柜门想使用金属材质，有哪些方式？

质感细致的收边条，因为能勾勒出明确的线条而常被用于柜门的收边设计，并可通过简单的仿旧处理而增加复古质感。当较为厚重的不锈钢板被用于柜门设计时，其能吸附磁铁的特性让它多了一项“留言板”的功能。若搭配使用黑板漆的话，它的色彩样式更显活泼，因而逐渐受到用户的欢迎，为家居柜门的设计增添了更多可能性。

图片提供 IKEA

使用墙布装饰柜体外观

图片提供 演拓空间设计

问题 098

希望让柜子有更多花样，有什么么好方法吗？

如果希望柜门能有更多变化，不妨搭配使用一些材质，增加更多层次感。比如不受风格限制的墙布便可列入考虑，其不仅保留了壁纸样式多元的优点，更有着防霉、防蛀、耐擦洗、易保养的特性。这些墙布的使用不像一般材质那样看重施工工法，而更像是为柜门增添额外的装饰，既简单又能丰富空间视觉效果。

问题 099

想让柜门兼作黑板墙，可以怎么做？

如果想让柜门增加黑板墙的功能，一般可以通过使用黑板漆、白板漆或玻璃材质三种方式来达到目的。三者中，黑板漆不论底漆种类还是画笔颜色，都有很多选择，但容易产生粉尘。白板漆和玻璃柜门则受本身色彩和白板笔颜色的限制，选择较少。

图片提供 福研设计

小贴士 磁性漆让木板也能变“铁板”

为了让家中的黑、白板墙能吸附磁铁，很多人在设计这类留言板的时候，会特意选择不锈钢板或铁板，但这会让柜门太重，不一定好用。其实，只要在涂刷黑、白板漆底层之前先涂一层磁性漆，便可达到效果。虽然磁性漆的磁力不如铁板强，但仍然可以吸附一些较轻薄的便条纸，对于留言板的功能而言已经够用了。

图片提供 里心设计

问题 100

想要在柜门上尝试拼贴一些材质，可以有哪些设计方式？

不论柜门还是墙面，活泼的拼贴手法总能让它成为视觉焦点。在这类柜门的设计上，可以选择不同材质、色彩、纹路的板材，甚至还可打造立体效果或平面效果，变化性非常强。

问题 101

喜欢隐藏式柜门，但又怕不好打开，要怎么设计才会方便又好看呢?

通常，为了保持柜体整体的简洁，柜门会选择不使用把手，而是利用勾缝打造隐藏式把手。隐藏式把手至少需要 2 cm 深，才方便手伸进去开门。而依据柜门的高度和开门方向，把手可以设计在不同的地方。以高柜为例，狭长形的柜门把手多设置在柜门左右两侧；上方柜体的把手多位于柜门的下方；而下方柜体的抽屉由于高度太低，因此把手多设置于用户容易触及的高度。

下方体柜的把手多位于用户容易触及的高度

图片提供 白金里居空间设计

狭长形柜门的把手多设置在左边或右边

图片提供 IKEA

小贴士 用简单色卡实地比较

如果不确定自己选择的色彩搭配起来是否适合，不妨制作几个简单的色卡实地比较一下，这样能更准确地找出适合自家柜体的色彩。

问题 102

希望柜子的色彩可以更加丰富，配色上有什么秘诀?

如果想为柜子增添一些活泼的色彩，最安全的做法就是以选用相近色的方式对柜体进行色彩搭配。但如果希望柜子能有更多元、活泼的跳色设计，则不妨首先将柜体的底色设定为百搭的白色，并选择一面主墙，以此延伸出一两种不同的色系，就能轻松达到让空间更显活泼的效果了。

收纳柜的工艺与价格

问题 103

定制柜体是如何计价的？

在第 79 个问题的回答中提到过定制柜体的计价方式，这里做下简单补充。一般定制柜体可以按展开面积计算价格，也就是使用板材的面积。然而，影响柜体价格的因素很多，除了板材材质，还有板材的厚度和样式复杂程度等。材质越好、厚度越厚、样式越复杂，价格也就越贵。表面贴皮选用天然实木贴皮和人工木贴皮的价格也不一样，前者价格更高。另外，若要在柜子表面做二次加工处理，也需要额外付费。

图片提供 里心设计

问题 104

柜体收口方式有哪些？通常使用哪些材质？

木柜的收口方式有上漆收口、木贴皮收口、收边条收口以及板材收口等几种。油漆涂刷的边缘看起来比较粗糙，若喜欢质朴的手感可以选择这种方式。木贴皮收口中的木贴皮有塑胶皮和实木贴皮两种：前者表面为印刷的图纹，背面为自粘贴纸，可自行粘贴；而实木贴皮的表面为 0.15 ~ 3 mm 的实木薄片，背面为无纺布，需用胶粘剂粘贴，但粘贴过的柜体表面不能再上油漆或油性染色剂，否则会因化学反应而脱落。用收边条收口和板材收口都是在柜体上用胶粘剂来粘贴相应的材料，非常依赖木工的经验与技术。选择怎样收口，要根据自家的预算和对外观的要求综合考虑。

图片提供 摩登雅舍室内设计

问题 105

想在柜门上加装百叶或线板，在价格上有什么不同呢？

如果要在门上加装百叶或线板的话，要问清厂家怎样计算价钱，比如价钱中包不包含材料费，以及可以选择哪些材料（一般来说，制作百叶的材料多为白杨木、桧木等）。线板可由工厂直接统一制作，选择的样式不同，价格也不一样。若是另做特殊图案的雕刻板，价格会有相应提升。

问题 106

如何解决电视柜的散热问题和遥控感应问题？

一个好的电视柜，除了在规划之初就要考虑好器材散热问题外，还需要注意器材的遥控感应问题，因而在柜门设计上主要有三种方式：

（1）开放式层板。这种设计是电视柜中最基础的规划方式。借由开放式的层板规划，既不用担心电器的散热问题，也不会有遮蔽物影响遥控感应路径。

（2）有散热设计的玻璃柜门。为了不遮蔽器材的遥控感应路径，这类柜体有时会采用通透的玻璃来制作柜门。但因玻璃材质无法散热，所以常会另行设计通风孔，或是以滑轨等方式打开柜门进行散热。

（3）格栅或镂空雕花柜门。同样具有散热功能的格栅，在遮蔽中保留了隐隐的穿透感，让空间更加立体，因而常被用于电视柜设计中。此外，若想让空间更具变化性，不妨选择木质镂空的雕花柜门。

开放式层板有利于电器设备散热

图片提供 摩登雅舍室内设计

问题 107

钢琴烤漆、一般烤漆和喷漆的差别在哪里？价格上有什么不同？

钢琴烤漆为多次涂装的上漆工艺，工序至少需要 10 ~ 12 道，经过染色、抛光打磨后，才能展现光亮的质感，因此价格昂贵。而一般烤漆的工序较为简单，一般为 3 ~ 4 道，因此价格比较低。

喷漆的价格会因使用的底材不同而有差别。若喷在胶合板上，由于板材表面有不同深浅的木纹，需先刮 3 遍腻子，使其表面平整后才能喷漆；而密度板只需填补一些表面的孔洞即可上漆，因此喷漆价格会比前者低一些。

图片提供　弘第 HOME DELUXE

问题 108

鞋柜常常有异味，可以做哪些通风设计来散味？

玄关柜是收纳一家人鞋子的柜体，因此做好通风设计非常重要。一般常见的通风设计有以下四种：

（1）用百叶柜门做大面积通风设计。用透气性绝佳的百叶柜门为玄关柜带来良好通风，这是田园风格和古典风格中常见的设计手法。

（2）在玄关柜中设计通风孔。不论是定制的可移动式鞋柜，还是直接设计于玄关墙面的壁挂式玄关柜，都可以在玄关柜两层层板之间留一段间隔规划通风孔，并在柜体上方放置一台抽风机，以增强玄关柜的通风功能。而空出的下方空间，则可以作为临时便鞋摆放区。

（3）通风层板搭配活性炭放置槽。可以在玄关柜最下层的层板下方设置一整面凹槽来放置活性炭，以此达到除味效果，但必须定期更换活性炭。

（4）在门把手处进行通风设计。在玄关柜柜门把手处以镂空方式做通风设计，可搭配五金做造型把手，或直接做成隐藏式把手，既不用额外设计， 又能达到通风效果。

问题 109

柜门轨道有哪些设计方式?

轻巧便利的推拉门因其不需要特别预留开门位置而被广泛使用。但柜体推拉门的转道有哪些设计方式呢? 大约有三种不同的设计方式:

(1)上下双轨道。在柜体推拉门的上下方都规划轨道是最基本的设计方式，能够带来平稳的使用体验。

(2)上轨道，或上轨道且在柜门下方加装五金。在规划空间中的推拉门轨道时，为了保持地面的平整和美观，有时会省略地面的下轨道，仅以吊顶上的单一上轨道做支撑。这种方式虽不如上下双轨道的方式平稳，却也不影响使用功能，是公共空间常见的设计。若想对推拉门位置进行适当固定，可以在推拉门路径的底端加装地面五金。推拉门式柜门也是同样的道理，可以单独使用上轨道的设计方式，并在柜门下方加装五金。

(3)上勾式五金轨道搭配下轨道。如果不想将柜子做成通顶式，但又要保持通顶的外观效果，可以通过使用特殊的上勾式五金轨道将其隐藏在柜体外框顶部的层板上，搭配下轨道，以此达到固定效果。

问题 110

想用柜体作为两个空间的隔断，怎么设计可以达到最佳隔声效果?

卧室是放松休息的区域，如果要做隔断功能的柜体，首先需要解决噪声问题。柜体中，通常会选择衣柜作为卧室的柜体隔断，这是因为衣柜的深度较深，加上衣服和内部空气的阻隔，还有 3 ~ 4 cm 厚的柜门，能够有效隔绝外面的噪声。材质方面建议使用 1.8 cm 厚的木芯板将衣柜的背板加厚。另外，若想用书柜作为卧室和书房的柜体隔断，由于其隔声条件不如衣柜有利，因此需要在书柜背板中加入吸声材料，达到隔绝噪声的效果。

插画　吴季儒

问题 111

侧拉柜有哪些设计方式？工法和费用有什么不同？

摄影 Amily

侧拉柜常出现在空间侧面，以解决空间深度太深的问题，柜体深度多在 90 cm 以内。如果将整个柜子拉出会导致收放不易，因此，若非柜体深度真的太深，建议使用轨道替代轮轴。这类柜体有两种设计方式：

（1）吊顶侧拉式。使用承重性较强的吊顶式侧拉五金，省略侧面轨道后，柜体整体看起来更为美观，完整度也较强，但因这类五金比较特殊，价格也较高。

（2）轨道侧拉式。这类设计方式虽然使用轨道的数量较多，但只需一般五金轨道就能完成，因此价格相对便宜。

问题 112

柜体隔断墙好用吗？它有哪些变化？

图片提供 竹工凡木设计研究室

柜体隔断墙属于空间设计中墙面的部分，不论单向使用还是双向使用，变化都较多。比如：

（1）用柜体划分空间。客厅和玄关之间通过不通顶的柜体设计来分隔空间，能够带来类似屏风的效果。

（2）分层使用，丰富空间层次。如果想在 LOFT 空间中做一面分隔走道与内部空间的隔墙，墙上的功能区不一定要面向同一方向，可利用上下分层的设计，下层使用柜体的这一面，上层则使用另一面。这样不仅增强了实用性，也让空间层次更加丰富。同样，空间中前后两个房间的隔墙也可以使用这样错开的设计。

（3）两个柜子共同构成一面完整的墙。若空间深度足够，不妨结合不同深浅的收纳功能柜，组成一面柜体隔断墙。但这样的设计是做了两个不同的柜子，就价格而言，比做单个柜子要贵一些。

问题 113

电视柜有壁挂式、旋转式和升降式等多种做法，这些做法各有什么不同？

壁挂式电视柜的挂架承重力必须足以支撑电视机的重量，即柜体结构的稳固性和五金的质量关乎电视机的稳定度。若想在两个空间使用同一套视听设备，使用旋转式电视柜是最合适的方法。通常电线是此类电视柜最需要注意的地方，这是因为电线容易因旋转而被拉扯，因此除结构的稳固性外，还需注意柜体旋转的角度。升降式电视柜可以通过调整高度的方式调整电视机的位置，也同样需要注意结构的稳固性和电线的长度问题。

问题 114

木贴皮经过拉丝处理后，质感真的会提高很多吗？

为了让板材拥有更多实木的质感和纹理，现在有些人会将木贴皮做拉丝工艺处理来加深表面的纹路，营造仿实木的质感。经过拉丝工艺处理的木贴皮，较一般木贴皮和美耐板而言质感确实更好，但价格也高一些。目前拉丝工艺最常用在梧桐木的木贴皮上，此外还有一些新兴材质，价格较一般木贴皮而言更贵。

问题 115

电饭锅或饮水机使用时常会有水蒸气问题，这类橱柜该怎样设计？

在规划厨房橱柜时，最令人头疼的就是电饭锅或饮水机的收纳问题，这类电器所产生的水蒸气会影响到板材的寿命。一般来说，如果电器使用率低的话，只要规划一个简易的收纳空间，方便使用者将电器拿到适合空间使用即可。但若电器使用频率高的话，则有以下三种设计方式：

（1）顶端层板采用无盖设计或开放式设计。在收纳电器的柜体顶端采取无盖设计，或用镂空、格栅等方式做开放式设计，让水蒸气可以从上方散发，降低对板材的影响。

（2）加高层板之间的距离，或贴玻璃防潮。如果不希望做无盖式柜体设计，不妨拉高层板之间的距离，让电器顶端距上层层板 20 cm 左右，让水蒸气有一段散热空间。或者在层板上加装防水、耐热、易清洁的玻璃板，等电器使用完毕后，简单擦拭掉水渍即可。

（3）用抽拉层板替代一般层板。用抽拉层板替代一般层板，在使用电器时可以直接拉出，不用时再推回原位，不仅使用更方便，也能轻松解决水蒸气问题，是常见的设计。但规划时要注意使用动线，以免影响日常生活。

问题 116

有人说，进口五金比国产五金的质量好，是真的吗？

市面上的五金品牌很多，有进口的也有国产的。以前人们有一种误区，认为进口五金的质量高于国产五金，其实不然，现在很多国产五金的质量是很优秀的。在挑选的时候，最好先弄清楚自身的需求，再选择功能和质量符合要求的五金，而不是单纯看产地。在挑选之前，也可先搜集一下资料，大致了解各品牌产品的情况，选择时便可做到心中有数。

摄影 江建勋

问题 117

厨房吊柜的下拉五金有哪些选择？

为了方便使用者拿取吊柜里的物品，现在很多设计师会把吊柜做下拉式柜体设计，包括油压式、电动式、机械式等，这些设计各有特色。但下拉式五金就一定比简单的层板收纳好用吗？几种类型中哪一种比较好用？这都要依使用者的习惯而定。如果吊柜要做下拉式设计，建议现场体验一下使用感受再做决定。

图片提供　弘第 HOME DELUXE

问题 118

在挑选五金时，有什么判断标准？

挑选五金时，可以从重量判断，因为有些劣质五金可能是空心的，掂一掂就能分辨出来。五金的首选材质为不锈钢，其次是镀铬金属，最好不要选择铁质，因为铁的刚性不佳，硬度和强度不一，且容易生锈。

问题 119

有什么五金比较适合厨房转角处使用？

L 形和 U 形厨房转角处的畸零空间总是令人头痛不已。为了能妥善利用每一处空间，可以使用各种旋转式拉盘，比如蝴蝶式、花生式转盘等。因此，遇到类似情况，不妨选择一个自己顺手的收纳配件，从而有效利用畸零空间的每个角落。

图片提供　IKEA

问题 120

衣柜吊挂五金有哪些？什么情况建议使用下拉式衣杆？

所谓下拉式衣杆，是为了方便使用者拿取吊挂在高处的衣物。因此，当吊挂衣物的高度超过 190 cm 时，可以将高处的挂衣杆改为下拉式衣杆。但下拉式衣杆是否真的方便使用，依旧要看是否符合使用者的身高和习惯。

插画　张小伦

小贴士　针对柜体高度做切合需求的收纳

尽管下拉式衣杆专为高处衣物吊挂而设计，但若无太多吊挂衣物的需求，而有行李箱、棉被、床品等收纳需求，也可根据实际情况，将衣柜上方做更贴合实际的空间规划。

问题 121

具有缓冲作用的阻尼五金需要每处都安装吗？还是只装局部就好？

现在市面上的五金，有没有缓冲功能在价格上会相差很多。如果不想在这方面花费太多预算，那么，除了在一些平开门式柜体中安装安全性更强的阻尼五金，从而减轻柜门与柜体的碰撞之外，一般的抽屉可以选择三节式轨道，这类轨道不仅同样具有缓冲效果，单价也便宜许多。

图片提供　福研设计
摄影　Yvonne

摄影　江建勋

小贴士　屉中屉，让表面看来更干净

抽屉收纳的物品不同，抽屉的深度也会有所差异。但多层分隔的抽屉外观上不够利落，这时不妨增加下层抽屉面板的高度，将上方的小抽屉隐藏起来，既不影响抽屉的功能，还能让空间线条看起来更加平整。

问题 122

新柜子用了不到一年，抽屉关不上，是滑轨的质量不好吗？

抽屉的滑轨由于经常开关，容易出现松脱的情形。若在现场挑选且有展示品，建议亲手试试开关柜子的顺畅度，感受一下五金的质量和手感。在测试柜子抽屉时，可用点力气抽拉，试试缓冲装置是否能够承受，这样才能测试出五金质量的好坏。

摄影　江建勋

问题 123

五金中的按压式开关究竟是什么？

柜门无把手设计采用按压方式来开关柜门，可以不用预留把手的位置，适合注重表面平整的柜体。但需要注意的是，若使用这类五金，不建议将柜门做得太大，或在同一个柜门中设计两处开关，因为这样反而会让人不知道该按压哪里。

图片提供 竹工凡木设计研究室

摄影 江建勋

问题 124

旋转式衣柜或鞋柜会更好用吗？

旋转式衣柜、鞋柜的特点在于通过旋转的方式将柜内物品展示给使用者，让使用者可以更方便地寻找自己想要的物品，同时还能解决柜体太深的问题。但一般来说，旋转式柜体比较占空间，而且一个旋转式柜体的价格甚至比两个柜体的价格还要高。因此，除非有特别需求，一般来说规划基础型衣柜就够用了。

问题 125

衣柜推拉门有时会比较卡，没办法顺利推动，究竟是什么原因造成的？

造成推拉门卡住的原因有很多，可能是安装时柜门和滑轨没有在一条直线上，也可能和滑轨的承重力不足有关。滑轨主要由轨道和金属滚轮组成，若柜门材质较重，或因为增加了玻璃、金属材质而导致其变重的话，承重力不足的滑轨用久了就容易变形。因此，在挑选轨道时，应先计算出柜门的整体质量，再去选择适当的滑轨。

问题 126

有没有一些比较有趣的新型五金可以选择呢?

有的抽屉五金和阻尼五金一样，将一拍即开的方式转化到抽屉轨道的设计上，让抽屉也能保持表面平整。但是在安装这类五金时，除了预留抽屉本身的深度，还需要多预留 2 ~ 3 cm，作为五金按压的空间。

图片提供　福研设计
摄影　Yvonne

问题 127

五金把手的选择和安装有没有什么技巧?

造型多变的五金把手，不但能让开关柜门更方便，还能为空间带来画龙点睛的效果。但是一个好的五金把手，价格也会有所提高，因此在选择时要考虑成本。

问题 128

家里的柜门用久后有松脱的情形，是因为铰链的质量不好吗?

铰链在柜门开合时要承载其重量，为了能让铰链使用得更久，要考虑柜门的重量和铰链的承重性能。另外，开合次数也关系着铰链的使用寿命，优质的铰链开合次数可达万次左右，在挑选时可询问商家是否有类似的测试报告可供参考。

柜门出现松脱的情形，除了和铰链有关，也可能和柜门的材质有关。一般板材按取材位置可分为芯材和边材，芯材较为硬实，边材则密度较低，材质较为蓬松。若柜门是用边材制成的，那么其与铰链接合面的支撑力就容易不足，从而发生柜门松脱的情形。

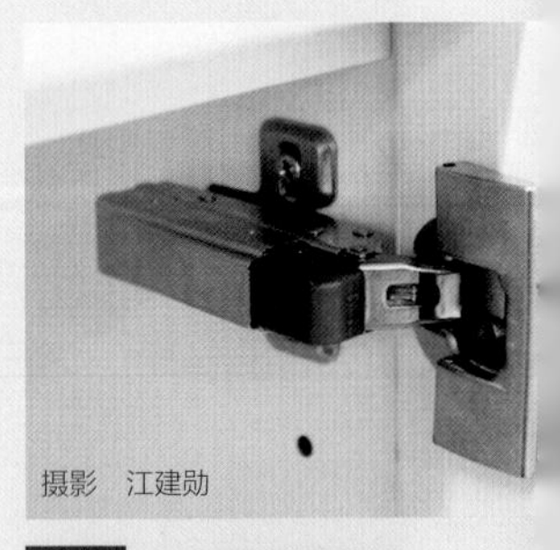

摄影　江建勋

小贴士　自行更换时最好用手慢慢锁紧螺钉

若想自行更换铰链，首先要确认新的铰链孔径和门板的孔径是否相同，若无法测量的话，可直接拿旧铰链询问商家。在拧螺钉时，建议手动慢慢锁紧，若用电动工具可能会施力过大，造成接合处孔径变大，柜门容易不稳。

问题 129

想用局部照明展示收藏品，但怕照久了会有褪色的问题，该怎么办才好？

图片提供　IKEA

局部照明能让收藏品看起来更有价值，但若是高价又脆弱的收藏品，在灯光、温度和湿度控制上一定要多注意。传统射灯的温度都比较高，可能会使收藏品出现变质或褪色的问题，如果预算允许，建议选择 LED 灯作为光源，柜内还可以预留供防潮棒使用的电源，以便除湿，保护收藏品不受潮。

问题 130

帽子、领带、皮带、项链、耳环等物品要怎么收纳才方便拿取？

图片提供　演拓空间设计

衣帽间中常见用来放置领带、饰品或袜子的格状收纳设计，但往往放不了多少就满了，并不能解决收纳问题。因此，设计前建议先统计好这类物品的数量，自行采用可以灵活分格的工具（比如隔板），这样更符合收纳需要。因为一旦做了固定分格后期就很难再变动，若要做成可变化的设计，成本便会提高，所以不如购买现成收纳工具来搭配使用，现在市场上此类工具很多，可以自行挑选。

收纳小物品的格子抽屉之所以不好用，是因为规划得越精细，相对排他性也就越高。不妨将其简化为 T 形设计，也就是从中间隔开，将抽屉分成左右两区，而不是一格格的样式。这种方式弹性较大，可依不同需求而变化，使用起来不会受到既定格子的限制。

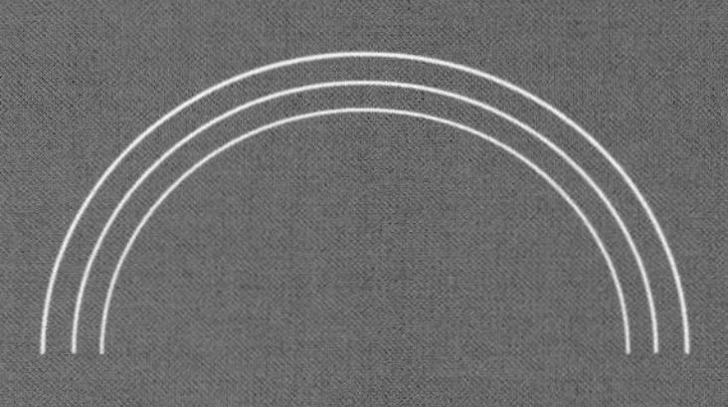

第三章

CHAPTER
03

200个收纳柜设计解析

想巧妙地充分运用畸零空间，想让收纳化繁为简、暗藏玄机，想拥有独具特色的收纳柜体，想将老柜子重新打造……

内心有着各种设想，却不知该如何与设计师具体沟通。这里搜罗了来自数十位设计师的作品，包括玄关、客厅、卧室、餐厅、厨房、卫生间等各种空间一应俱全，200 个设计案例为你打造最具生活感的家居空间。

001. 黑色镂空玄关柜为玄关打造观景窗

业主在一趟南非开普敦之旅中获得了家居改造灵感，希望为自己超过 30 年的老房子注入自然、热情的印象。首先是在玄关处设计了一个黑色大型玄关柜，既凸显了新家的精神气质，也打造出一处家居生活的观景窗，还让开放的客餐厅空间有了遮掩，让空间有内外之分。柜体的镂空设计既打造了一处视线穿透到柜体后方的端景，镂空处也可放置一些进出时的常用物品。

使用者需求◆针对原本无遮挡的客餐厅空间，业主希望能有内外空间的区分与缓冲。
尺寸◆宽 120 cm，高 200 cm，深 37 cm。
材质◆栓木贴皮喷黑。

图片提供　文仪设计

001

002 图片提供 时治设计

002. 利用房梁下方空间打造收纳柜

由于空间有限，设计师利用房梁下方的空间沿墙面打造玄关柜。由于业主的孩子年龄较小，加上柜体处在空间中的常用动线上，为了安全性考虑，舍弃了一般的门把手，设置成按压式开关，让视觉效果更为纯粹。柜体右下方做开放式设计，下面一层可放置常穿的便鞋，其他层则是业主为了培养孩子的生活能力而设计的，希望孩子能从收好自己的鞋子做起，通过日常生活培养出良好习惯。

使用者需求◆对鞋柜的收纳量有要求，同时希望有空间放置便鞋。
尺寸◆宽 162 cm，高 235 cm，深 40 cm。
材质◆亚光烤漆板材、木纹板材。

003 图片提供 筑乐居

003. 木色纾解压力，镂空透气玄关柜

玄关空间用木质材料打造，营造自然舒适的氛围，同时也点出全屋设计的主调。玄关柜上面柜体部分采用开孔柜门设计，让内部可以通风透气，下面两层开放式层板则提供收纳拖鞋、当季鞋子的空间。旁边的空间规划了全身镜和收纳柜，方便出门前整理仪容，并能悬挂外套与放置包、钥匙和快递等物品。玄关柜上方没有封顶，与旁边的柜体设计保持高度一致，让视觉保持统一、不凌乱。

使用者需求◆希望一进门就能感受到温馨的氛围，放松身心。
尺寸◆宽 380 cm，高 240 cm，深 60 cm。
材质◆木纹板材、白橡木贴皮。

图片提供　王采元工作室
柜体设计　黄卉君、王采元工作室
摄影　汪德范

004. 宛如“变形金刚”的多功能双面柜

一进门就能看到的简洁收纳柜体，其实是串联了全屋需求的多功能双面柜。玄关一侧整合了全身镜、外套吊挂区、双排鞋柜抽板、高尔夫球袋存放区与随身杂物抽屉等功能，方便进门后存放随身物品；背面则主要供客厅使用，兼具电视柜与放置小冰箱和包的用途。而靠近餐桌的侧面抽拉板是饮料及杂物暂放区，让这些物品在业主与三五好友玩桌游时不会碍手碍脚。柜体上方装饰有透光铁花格栅窗，除了带来自然采光，还很好地解决了柜体的视觉压迫感问题。

使用者需求◆出于对格局和收纳的考量，需要在玄关处设计玄关柜，将内部空间稍做遮挡。
尺寸◆宽 146 cm，高 260 cm，总深 120 cm。
材质◆宝丽板（一种装饰纸贴面人造板）、亮面烤漆、不锈钢格栅。

004

005. 平衡功能与美感的收纳柜

整面玄关柜可为收纳争取空间。为了不让柜体显得单调、厚重，设计师在柜体的规划上嵌入了凹位。考虑到画面比例和使用高度，特地将凹位与窗户的高度错开，在功能与美感之间寻求平衡。柜体下方留有 25 ~ 30 cm 的空间，不仅便于清扫，还可放置平时常穿的便鞋，并可作为扫地机器人的放置之处。

使用者需求◆鞋子数量多，希望拥有收纳量充足的玄关柜。

尺寸◆宽 210 cm，高 230 cm，深 40 cm。

材质◆收纳展示柜：烤漆柜门、烤漆金属板、钢板。抽屉矮柜：白橡拉丝木贴皮（染色处理）。

图片提供　时治设计

005

图片提供　文仪设计

006

006. 白玄关与黑柜体的对比搭配

以黑色与白色的经典配色作为风格设计主色调，在玄关处设计了一整面墙的黑色玄关柜，将柜体下方设计成格子柜来摆放常穿的鞋，上方通顶柜体则可提升鞋和其他物品的收纳量。方正的玄关格局让黑色墙柜与白墙形成完美对比，加上客厅与玄关交接处特别用黑墙框景做了空间区分，让画面富有层次感，而自由摆设的绿色植物则为黑白空间增添了生气。

使用者需求◆业主向往现代风格的家居设计，期待通过改造让空间摆脱墙面的束缚，展现能纾解压力且久看不腻的场景。

尺寸◆宽 180 cm，高 240 cm，深 40 cm。

材质◆栓木贴皮喷黑。

007. 抽拉式玄关柜，收纳更多鞋子

为了将全家人的需求都规划进 59.4 m^2 的住宅，无论格局规划还是收纳设计，都需要更仔细地斟酌。为了在有限的玄关空间里打造容量更大的玄关柜，设计师决定将其设计成抽拉式通高深柜，搭配右侧的平开门式鞋柜，让每个家庭成员都能有足够的鞋子收纳空间。此外，这样的设计还能为左侧衔接厨房的橱柜留出更大的宽度，避免整体格局因为鞋柜而被压缩。

使用者需求◆三位业主对收纳有很大需求，希望能在玄关拥有各自的鞋子收纳区域。

尺寸◆宽 105 cm，高 225 cm，深 65 cm。

材质◆栓木贴皮喷白。

007

图片提供　文仪设计

图片提供 王采元工作室
摄影 汪德范

008

008. 连接玄关与阳台的转角两用柜

玄关柜连接玄关与阳台两处空间，一进门的左手边为穿鞋凳与玄关柜部分，简单规划了收纳外套的空间。阳台一侧则规划了抽拉式叠衣平台和收纳格，用以暂时存放晾晒好的衣物，方便进行衣物折叠、分类等处理。

使用者需求◆提供收纳外出使用的鞋子、外套和其他物品的空间，提供折叠、整理、短暂存放衣物的空间。

尺寸◆宽 150 cm，高 240 cm，深 45 cm。

材质◆宝丽板、亮面喷漆、天然柚木贴皮接柚木实木封边。

009

009. 使用藤编材质的特色收纳柜

将藤编材质与板材结合，让柜体看起来像是一处端景，值得人细细品味。业主收藏了许多老物件，为了让整体空间与藏品更匹配，因此采用藤编材质打造复古风格，搭配业主收藏的五金把手，丰富空间细节。藤编材质虽然透风，却也可透过其缝隙隐约窥见柜体内部收纳的物品，私密性不佳，而且味道也容易飘散，建议用户选用前仔细评估。

使用者需求◆对玄关柜的收纳量有需求，且有可以放置便鞋的空间。
尺寸◆宽 210 cm，高 240 cm，深 40 cm。
材质◆烤漆木贴皮、藤编网。

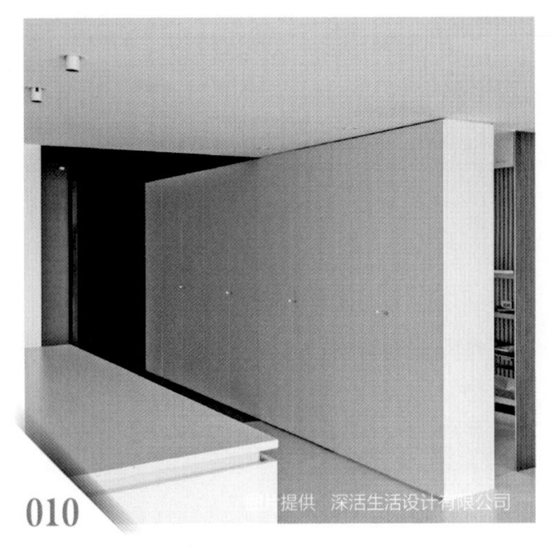

010

010. 玄关高柜解决大部分收纳需求

业主偏好极简纯粹的空间感，对家居环境的整洁度也有要求，因此设计师决定在柜体设计上使用最少、最简单的形状与色彩。由于业主经常出差，便在入口处以一面白色高柜来解决大部分的收纳需求。除了可以收纳外出用的鞋子与外套，柜体还隐藏着较大的储藏空间，可用来放置行李箱等大型物件。

使用者需求◆希望回家时一进门就能有收纳行李箱的地方。
尺寸◆玄关柜（总体）：宽 475 cm，高 210 cm，深 35 cm。储藏室：宽 185 cm，高 21 cm，深 120 cm。
材质◆烤漆板材。

图片提供 向度设计

011

011. 衣柜整合电器收纳功能

这间屋子为业主在度假时居住，空间模拟酒店设计，将鞋柜巧妙设计在玄关的架高区，并做上掀式柜门设计，衣柜则设计在玄关过道旁。当业主卸去外套的束缚、穿过拱门时，便象征着假期的开始。柜内横杆可供悬挂衣物使用，椭圆形穿衣镜则呼应了代表内外交界的拱门元素，可随手横移至想要的位置。柜体里下方的方格不仅可以做穿鞋凳用，还可以收纳迷你冰箱，与相邻的厨房搭配使用。

使用者需求◆提供度假时基本的衣物、鞋子收纳功能。

尺寸◆宽 190 cm，高 240 cm，深 55 cm。

材质◆喷漆木贴皮、收边条铁件、镜面。

012. 用洞洞板串联不同区域的收纳柜

从 L 形转角柜开始直到餐厨区，整面墙设置了收纳柜。中间的立柱墙面设置了可灵活应用的洞洞板，上面简易的挂钩与小层板组成了入门时放置杂物的便利平台。木色与白色的交错使用，为空间注入自在简约的休闲感受。L 形转角柜使用无把手设计，保留玄关空间整体简洁的视觉感受。

使用者需求◆加入洞洞板设计，规划玄关收纳。

尺寸◆右侧收纳柜：宽 76 cm，高 270 cm，深 77 cm。立柱墙面洞洞板：宽 84 cm，高 125 cm。左侧衣柜：宽 86 cm，高 270 cm，深 61 cm。

材质◆板材。

012

图片提供　拾隅设计

图片提供 寓子空间设计

013

013. 具有屏风功能的收纳柜

由于玄关入口正对窗户，业主希望能用设计来遮蔽一下。设计师在转角处设置柜体，柜门做了勾缝处理，让造型增添一丝趣味。柜体除了收纳功能外，在正对入口处设置了多层层板，可做展示使用。侧面采用灰色玻璃，为柜体巧妙地增添了通透的轻盈感，还为玄关空间争取了部分采光。本案例利用柜体引导空间动线，由玄关延伸至客厅，将不同区域串联起来。

使用者需求◆希望能改善开门见窗的格局，并提供电器及生活用品的收纳空间。

尺寸◆宽 180 cm，高 236 cm，深 90 cm。

材质◆喷漆板材、灰色玻璃。

图片提供 奇逸空间设计

014

014. 镂空造型玄关柜划分并串联空间

由于玄关过于邻近餐厅，因此利用镂空设计让玄关柜体成为划分空间的“屏风”。柜体用H型钢做支撑，悬吊式设计让其显得更为轻盈。大理石餐桌贯穿并横跨在玄关柜与厨房岛台之间，这种与众不同的设计将玄关、餐厅与厨房整合在一起，柜体鲜明的色彩在开放式空间中显得十分亮点，并增加了视觉互动的趣味。

使用者需求◆想让玄关与餐厅做适当区分而不影响空间的开阔感。

尺寸◆宽 200 cm，高 245 cm，深 38 cm。

材质◆喷漆板材。

015 图片提供 寓子空间设计

015. 整个墙面的海量收纳柜

业主拥有大量鞋子，需要相应的收纳空间。设计师从柜体最大化的概念出发，沿着入门后的动线，将储藏间、衣柜、鞋柜等功能整合在开放式空间的一侧墙面上，依照业主的需求打造收纳量非常大的收纳柜。由于柜体设计在常用动线上，因此使用隐藏式柜门，让视觉效果更清爽，并在门板上涂刷涂料，增添材质细节，让原本单调的柜体变得丰富而独特。

使用者需求◆业主有大量鞋子要收纳，同时希望有空间储藏杂物、吸尘器和换季衣物等。
尺寸◆宽 300 cm，高 240 cm，深 60 cm。
材质◆板材、涂料。

016 图片提供 馥阁设计集团（FUGE GROUP）

016. 混搭镀钛钢板，柜体更轻盈利落

进门后是较为开放的公共空间，为了划分空间，达到既通透又有一定遮蔽性的效果，设计师在玄关处规划了一个悬空双面柜，整体结构使用板材打造，展示格与搁板则使用镀钛钢板，打造稳重而又显轻盈的感觉。另外，镀钛钢板与收藏品的质地相呼应，整体色调也尽量单一，让收藏品成为主角。

使用者需求◆业主收藏了许多木雕、铜雕，希望能展示出来。
尺寸◆宽 215 cm，高 248 cm，深 45 cm。
材质◆木贴皮、镀钛钢板。

017. 通高玄关柜拉大空间视觉效果

玄关处有通往客用卫生间和儿童房的门，让空间显得零碎、狭小。为了打造大气、完整的玄关空间，设计师在墙面上使用隐藏门的设计方法，并将玄关柜打造成通高高度，从而拉大空间尺度的视觉效果。柜体刻意不做满墙面，在左下方局部留白处加入一道实木层板作为展示平台，降低柜体的压迫感。此外，设计师还在玄关与客厅之间放置了一张长椅，赋予其双向功能，不但能作为穿鞋凳使用，还可以增加客厅的座位。

使用者需求◆想要有大气、完整的玄关区域。
尺寸◆宽 488 cm，高 230 cm，深 38 cm。
材质◆木贴皮。

图片提供 奇逸空间设计
017

018. 手指饼干造型柜门，为空间注入童话气息

空间没有配置穿鞋凳，为了方便小孩穿脱鞋子，便将玄关柜体改造为结合了穿鞋凳功能的柜体。玄关柜延续了餐厨空间柜体的设计风格，融入手指饼干元素，采用低饱和度的莫兰迪紫，为空间注入粉嫩柔和的童话氛围。柜门采用镂空设计，方便透气，且镂空高度配合孩子的身高，让孩子能学习自己开关鞋柜、拿取鞋子。

使用者需求◆为了方便孩子穿脱鞋子，希望能设计穿鞋凳，并将玄关柜打造成能让孩子练习自己收纳鞋子的形式。
尺寸◆宽 90 cm，高 215 cm，深 35 cm。
材质◆喷漆板材。

018
图片提供 穆丰设计

019. 推拉门储物柜，轻松推入婴儿车

这是一间老房子，为了能充分利用空间，设计师将电视墙后方空间与鞋柜进行整合设计，而钢琴的旁边则配置了一面墙的储物柜，搭配推拉门及无障碍设计，让业主一回家就可以直接把婴儿车推入收纳柜中。柜子里面还配有吊杆，兼具收纳外出衣物的功能，而左侧柜门拉开之后，则是大型家电的收纳空间。

使用者需求◆需要有大型家电和婴儿车收纳的空间。

尺寸◆宽 150 cm，高 230 cm，深 60 cm。

材质◆木贴皮。

019

图片提供：馥阁设计集团（FUGE GROUP）

020. 用山形元素打造露营风格柜体

在花砖步道的尽头是带有小山造型的玄关柜。由于近年来时兴露营风，业主希望能在柜体上做出较为新颖的设计，因而设计师通过衔接不同材质，打造出山形意象。柜体右侧连接了穿鞋凳，让穿脱鞋子更省力方便。玄关柜的把手设计也很巧妙，制作成了镂空的旗子造型，呼应露营的概念，同时还有着让玄关柜通风的功能。而玄关柜下方采用悬空设计，可以为较常穿脱的便鞋或者拖鞋提供摆放空间。

使用者需求◆希望玄关柜设计能做出新意，且内部层架能自由调整高度，以便收纳不同款式的鞋子。

尺寸◆宽 95 cm，高 233 cm（离地 37 cm），深 50 cm。

材质◆实木贴皮、喷漆。

021. 玄关柜整合收纳运动器材，使用更顺手

业主有运动习惯，设计师在设计玄关柜时，特别注重柜体的功能性，希望能符合收纳物品的尺寸及业主的使用习惯。右侧百叶门处规划了玄关柜，中间设置了穿鞋凳，另一侧的柜体下方做镂空设计，可收纳瑜伽垫，方便业主外出或回家时收放与拿取。

使用者需求◆基于业主的运动习惯，希望柜体能提供更多功能性，例如收纳运动器材、简化动线、提高收纳效率。

尺寸◆玄关柜：宽 40 cm，高 246 cm，深 40 cm。鞋柜：宽 245 cm，高 246 cm，深 40 cm。

材质◆喷漆、百叶门、木贴皮。

021

图片提供 禾光室内装修设计

图片提供　穆丰设计

022

022. 柜内安装旋转层架，提升收纳容量

本案例的业主是姐妹两人，由于鞋子数量极多，收纳量与空间使用率非常重要，因此设计师在玄关设计了一面玄关柜，并在高柜内加装旋转鞋架来增加可收纳的鞋子数量，同时也方便业主挑选想要穿搭的鞋子款式。靠近门口的柜体中段设置了两层抽屉，让业主进屋后可以随手放置钥匙、快递等杂物，下柜则可收纳较高的靴子。柜体下方做悬空设计，留出可放置拖鞋的空间。

使用者需求◆需收纳的鞋子数量极多，因此玄关柜设计要多元化，从而提升柜内的收纳容量以及空间使用率。

尺寸◆玄关柜：宽 53 cm，高 207 cm，深 40 cm。

鞋柜：宽 80 cm，高 207 cm，深 40 cm。

材质◆喷漆板材。

客厅

023. 摆脱传统柜体设计，满足多元生活需求

本案例公共空间的柜体尺寸设计十分自由，为的是满足业主的生活需求。业主有做瑜伽与健身的习惯，因此在客厅设计了可收纳运动服、运动内衣及健身器材的柜体。上面的柜体可以自由更换需要收纳或展示的物品，下面柜体的平台高度恰好在腰处，能让业主在运动前后放置、拿取饮品。此外，将飘窗与柜体结合，可以让业主在运动完后小憩片刻，若有朋友来访，也能增加客厅座位。

使用者需求◆业主有运动习惯，因此设计柜体时，除了满足收纳功能外，还希望能为运动提供辅助功能。

尺寸◆宽 433 cm，高 238 cm，深 55 cm。

材质◆喷漆板材。

图片提供　禾光室内装修设计

023

024. 观赏方式决定收纳柜的划分方式

业主收藏了许多藏品，设计师在了解其需求后，在梁下空间嵌入柜体，将收纳柜置于墙面中。考虑到藏品的尺寸差别较大，因此在柜体分隔时采取错置分割的方式，将大型藏品规划在视线可及之处，让人一眼就能欣赏到。此外，设计师在开放式柜体上还穿插安排了上掀式柜门，不仅增加了造型的层次感，还增加了收纳的多元性。

使用者需求◆业主有尺寸不一的藏品，需要能兼顾展示与收纳功能的柜体。
尺寸◆宽 260 cm，高 220 cm，深 45 cm。
材质◆板材。

图片提供 时治设计

024

025

图片提供 巢空间室内设计（NestSpace Design）

025. 用多层书柜化解视觉压迫感

传统客厅常见的电视墙多半会占据很大面积，现在不少家庭选择做电视矮墙，一方面可在其他较大的墙面规划收纳柜，另一方面还可以在其背面规划餐桌。本案例在客厅一侧较大的墙面上设计了书柜，并使用富有层次感的造型及跳色设计，减弱柜体的压迫感和大梁的存在感。书柜采用滑门设计，因为业主希望学龄前的孩子能自己练习收纳，滑门设计更方便孩子使用。

使用者需求◆有效安排空间所需的收纳需求。
尺寸◆宽 280 cm，高 230 cm，深 40 cm。
材质◆定制柜体、实木贴皮、玻璃、一般推拉门轨道。

026 图片提供 筑乐居

026. 亲子共享的综合功能柜

为了协调作息时间与亲子活动空间，靠窗处的柜体整合了书桌、展示区与游戏区的功能，一旁的洞洞板能加装层板，配合需求，弹性灵活地调整位置。飘窗下方的开放式收纳格可收纳孩子的玩具箱。柜体的圆弧造型呼应了过道的金属拱门，同时选用业主喜爱的蓝色搭配客厅的木纹元素，营造清爽开朗的视觉效果。这里平时可作为亲子活动空间使用，等到晚上孩子睡下后，又可成为父母工作的办公空间，多功能用途充分提升了空间的使用效率。

使用者需求◆业主偶尔会在家工作，需要有不影响家人作息的办公空间。
尺寸◆宽 535 cm，高 250 cm，深 40 cm。
材质及工艺◆实木贴皮、乳胶漆，烤漆。

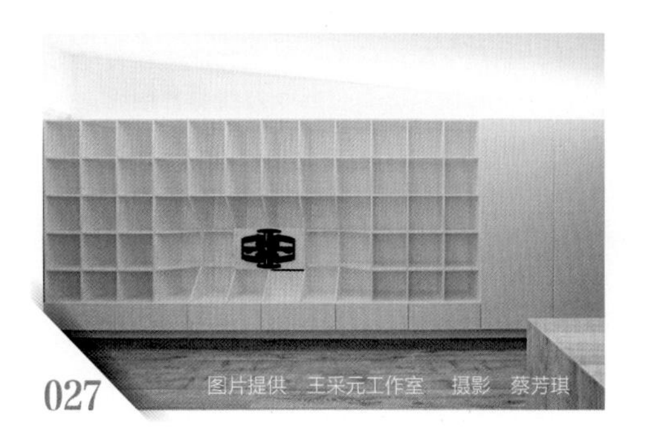

027 图片提供 王采元工作室 摄影 蔡芳琪

027. 串联公共空间的收纳主墙

本案例一进门的空间为玄关、客厅、餐厅、厨房共用的开放式空间，倾斜天花板搭配整面内凹造型电视墙，打造立体几何的视觉效果。柜体立面从穿鞋凳、玄关柜直至电视柜格子层架，开放柜尺寸参考现有置物架大小，方便业主直接沿用现有收纳方式。整面柜体以定制柜制作而成，在中央，电视机壁挂架嵌于层板内缩处，安装电视后能令其表面与柜体齐平。

使用者需求◆收纳柜最好能沿用现有的置物架。
尺寸◆宽 650 cm，深 38 cm，高 223 cm。
材质及工艺◆木芯板，亮面烤漆。

028. 融入图书馆概念，打造亲子互动大书墙

业主非常重视两个孩子的学习，希望能让他们养成阅读的好习惯。因此公共空间的设计以亲子互动为核心，在主墙打造了一面书柜，并根据收纳需求将柜体均分成三个部分：一部分规划成小抽屉用于收纳画笔、剪刀等物品，一部分规划成上掀式书架用于展示童书，还有一部分规划成电视柜，用烤漆玻璃推拉门遮蔽电视机，孩子们可以在门上涂鸦。最右侧的书桌则可以让业主在陪伴孩子之余处理工作。

使用者需求◆希望在长条形的公共空间里打造培养孩子阅读习惯的柜体。
尺寸◆宽 545 cm，高 220 cm，深 40 cm。
材质◆板材。

图片提供 乐创空间设计

028

029

图片提供 寓子空间设计

029. 方便拿取的暖黄色弧形书柜

此案例为四室两厅的住宅，原始空间封闭且采光不足，考虑到居住者只有业主夫妻与孩子，因此设计师将次卧空间打开，结合书房打造出开放式客餐厅。在此空间中，利用墙面打造 L 形书柜，让视觉往走廊延伸，而开放式书柜的设计方便孩子自己拿取图书并学习收纳自己的玩具。为了增添温馨感，书柜外框使用活泼的暖黄色，并利用弧线造型，为柜体增添色彩与线条层次。

使用者需求◆希望打造开放式书柜，收纳孩子的玩具及用品。
尺寸◆宽 140 cm，高 236 cm，深 35 cm。
材质及工艺◆板材，喷漆、贴膜。

图片提供 方构制作空间设计

030. 利用背光处的悬空柜体减轻压迫感

在这个老房改造的案例中，设计师大胆应用黑色、白色和灰色打造“灰度世界”，诠释焕然一新的冷色调家居氛围。客厅空间有限，主要收纳规划在电视墙侧面，直接在背光阴影处打造黑色柜体来收纳杂物与图书，柜体侧面（也就是电视机旁）做局部开口，收纳视听设备。悬空式镂空设计能有效减轻大型深色柜体的压迫感，为理性空间注入轻盈感与层次感。

使用者需求◆客厅沙发与电视墙之间的距离较小，想解决视听设备的摆放、感应与杂物收纳问题。
尺寸◆高柜：宽 119 cm，高 150 cm，深 45 cm。
矮柜：宽 119 cm，高 30 cm，深 45 cm。
工艺◆烤漆。

030

031. 集合多种功能的墙面收纳柜

收藏了众多玩偶的业主，希望能在空间内打造一面展示柜。设计师用亚克力板打造展示柜，上下延续相同风格，并用条纹板做映衬，结合吊顶上的照明设计，更凸显收藏品的质感与特色。旁边设置带有圆弧曲线的电视柜，让空间更显柔和，并借由一抹浅蓝色，打造出墙面的设计重心。柜体整合了收纳、收藏与展示功能，让生活空间被业主的爱好所包围。

使用者需求◆需要有展示玩偶的区域。
尺寸◆宽 460 cm，高 180 cm，深 40 cm。
材质◆大理石、条纹板、亚克力板。

图片提供 帷圆·定制circle

031

032. 柜体自由变化，让墙面有不同表现

本案例的客厅中，电视墙用硅藻泥打造水泥质感，旁边的墙面则作为客厅主墙，墙面上的柜体规划较为自由，结合洞洞板及三种莫兰迪色的设计，让业主可以随心情改变墙面外观，让空间表现更灵活。为了能让两只宠物猫与业主一同在客厅玩耍，设计师在主墙加入了开放层格、镂空圆洞的设计，巧妙地将猫跳台功能融入其中，让宠物既可躲在洞里休息，又可依照上下排列的层板跳上高处或者跳下来。

032

图片提供 巢空间室内设计（NestSpace Design）

使用者需求◆希望柜体在收纳功能之外，也能提供人与猫一同玩乐的功能。
尺寸◆电视柜：宽 350 cm，高 20 cm，深 35 cm。主墙下柜：宽 240 cm，高 50 cm，深 40 cm。主墙上柜：宽 165 cm，高 26 cm，深 20 cm。
材质及工艺◆洞洞板、阻尼铰链、滑轨，烤漆。

033
图片提供 王采元工作室 摄影 汪德范

033. 弹性家居空间的整合收纳柜体

本案例中，设计师将客厅划分为视听区、工作区和后方休闲空间。在玄关入口右侧设计了放置杂物与对讲机的玄关柜，后面浅灰色电视柜与客厅榻榻米的四格抽屉，都可提供收纳空间。榻榻米上定制了坐垫，可使其整体高度与后方休闲空间地面齐平，能放心地让孩子在上面坐卧玩耍，成为无障碍的安全活动小天地。

使用者需求◆孩子正值成长期，希望培养阅读习惯，需要能弹性使用且收纳充足的空间。
尺寸◆玄关柜：宽 35 cm，高 240 cm，深 35 cm。电视柜：宽 225 cm，深度从 8 cm 到 40 cm 不等（其中 35 cm 的深度较为多见），高 240 cm。榻榻米：宽 330 cm，高 25 cm，深 85 cm。
材质与工艺◆木芯板、宝丽板、栓木实木板、硅藻泥、胶合板（板面贴天然栓木贴皮，接栓木实木封边），亮面烤漆。

034. 展示收纳柜加深客厅立体感

在临窗处选用米灰色的低饱和度板材，通过光线照射，凸显表面纹理的布质质感，为空间带来柔软、温润的情调。墙柜上不通顶，降低柜体带来的压迫感，同时以框架的巧妙排列、黑色烤漆玻璃衬底等细节处理，强化柜体的深度，放大空间视觉效果。

使用者需求◆柜体现在用作客厅的展示收纳柜，未来用作孩子的读书空间。
尺寸◆宽 280 cm，高 240 cm，深 35 cm。
材质◆矿物漆、黑色烤漆玻璃。

034
图片提供

035. 利用复合式柜体修饰凹凸墙面

本案例是一个面积为 75.9 m^2 的住宅，受空间所限，客厅需要兼具多重功能。由于卧室与客厅墙面在客厅这一侧凸出来一块，于是在这里规划了一个多功能柜体来修饰，并满足功能上的需求。因此，柜体规划了能展示藏品的开放式层架和封闭式工作区，不但能保有一定的私密性，也能让空间保持整洁。

使用者需求◆客厅墙面外凸，且有展示和收纳的需求。
尺寸◆宽 180 cm，高 240 cm，深 45 cm。
材质◆板材。

图片提供 怀特设计
035

036
图片提供 实适空间设计

036. 斜面矮柜打造清爽视觉效果

这个家面积不大，没有多余的空间规划独立的储藏室，因此设计师在玄关和客厅之间的墙面上规划了一面宽度为 80 cm 的玄关柜，一排可放三双鞋，同时也是大容量的储物柜。玄关柜与客厅矮柜衔接处特意采用斜面设计，使柜体体量缩小，视觉更为简约清爽。柜门材质类似硅藻泥，从而提升柜体质感。墙面层架为了增加支撑性能，使用铁件打造支撑架，外面使用木贴皮，与橘色层板的温暖色调更加协调。

使用者需求◆希望充分利用空间，打造足够的收纳量。
尺寸◆矮柜：宽 360 cm，高 50 cm，深 45 cm。
高柜：宽 240 cm，高 231 cm，深 60 cm。
材质与工艺◆板材，烤漆。

037

图片提供 怀特设计

037. 复合式书柜集中收纳杂物，使用更方便

为了拥有视野开阔的居住空间，业主在设计之初就决定要以通透的概念，将 99 m^2 的空间打造成 1 室 1 厅的格局。业主夫妻希望可以按照生活动线和习惯来规划收纳空间，并将书房规划在客厅中，而一旁的书柜则需要承担收纳整个公共空间物品的重要功能。柜体除了依照不同的图书尺寸制定层格大小，还在其中规划了小抽屉，能更有条理地收纳零碎物品，此外，还设计了滑动式黑板，让夫妻俩可以随手记录生活点滴。

使用者需求◆有很多尺寸不同的图书，希望客厅杂物能集中收纳。
尺寸◆宽 210 cm，高 150 cm，深 35 cm。
材质◆板材。

038. 用箱格打造艺术书柜

灰度较低的蓝色箱格堆叠在一起，通过外凸、横移、错落等手法，表现出不受拘束的生活趣味，成为特有的艺术家具。柜门采用按压式开关设计，避免了五金把手带来的多余线条。每个箱格之间保留 1 cm 的距离，用以做留缝、描绘阴影等处理，从而加深箱子的立体感，让封闭式收纳柜不会显得呆板、无聊。

使用者需求◆好清洁打理的大容量收纳柜。
尺寸◆宽 260 cm，高 190 cm，深 40 cm 或 35 cm。
工艺◆烤漆。

038

图片提供 方构制作空间设

039. 彩色玻璃与层板打造书柜与电视柜

不同于一般的平面柜体，本案例中设计师将书柜与电视柜结合起来，打造了环绕式柜体，并增设层板和收纳格，让柜体能收纳大量物品。女主人活泼的性格让设计师联想到可以用彩色玻璃作为层板间隔，除了能增加跳色和造型感，还可以让光线穿透过来，为室内争取更多采光。层板上错落放置收纳格，方便使用者收纳杂物。

使用者需求◆空间有限，希望尽量提高收纳量。
尺寸◆宽 630 cm，高 235 cm，深 35 cm。
材质◆白橡木宝丽板、有色玻璃。

图片提供　时治设计
039

040. 既是主墙，也是收纳柜

在争取更多使用空间与功能的前提下，设计师只能将客厅设计在餐厨动线上，加上业主希望保留沙发前落地窗良好的采光条件，因此用电视柱替代传统的电视墙，让客厅更加轻盈宽敞。而在玄关与餐厨区之间则规划了一面多功能墙柜，靠近厨房一侧可收纳小家电，客厅一侧则可以收纳杂物，并成为空间中的主墙，弥补没有电视墙的设计感与收纳力。

使用者需求◆需要充足的收纳量，且开放式厨房没有多余空间来收纳电器，必须另寻空间来满足收纳需求。
尺寸◆电器柜：宽 160 cm，高 225 cm，深 65 cm。高柜：宽 60 cm，高 225 cm，深 65 cm。
材质◆电器柜：雾面结晶钢琴烤漆板材。高柜：胡桃木贴皮、栓木贴皮喷白。

040
图片提供　文仪设计

041

图片提供　时治设计

041. 整合功能，打造 360° 收纳柜

原本的厨房空间过于狭小，无法放置小家电。设计师运用巧思，将电器收纳功能与电视墙功能整合在圆弧柜体中，让视觉更干净简洁。电视柜所在的位置与建筑本身的柱体交叠，通过木柜的修饰，可达到遮蔽虚化柱体的效果。电视柜后方柜体也有收纳功能，双面设计让椭圆形的柜体充分发挥可360° 收纳的强大功能。

使用者需求◆收纳量充足，厨房空间有限，无法规划餐边柜。

尺寸◆宽 300 cm，高 240 cm，深 60 cm。

材质与工艺◆板材，烤漆。

042

图片提供　方构制作空间设计

042. 融入时尚音响设计的客厅收纳柜

硅藻泥墙面从玄关延伸到客厅，根据动线需求，在玄关与客厅的交接处规划玄关柜，左侧提供悬挂衣物的空间，右侧则以日常收纳功能为主。客厅以业主的视听设备为设计核心，使用白色板材打造电视柜，电视墙内嵌光带，墙上搁板则选用板材与铁件混搭，兼具轻薄线条与实用功能，营造明快简洁的现代风格。

使用者需求◆玄关处规划外出衣物收纳柜，客厅处设计一个符合视听设备尺寸的电视柜。

尺寸◆玄关柜：宽 190 cm，高 130 cm，深 40 cm。电视柜：宽 90 cm，高 50 cm，45 cm。

材质◆板材、铁件。

图片提供 寓子空间设计

043

043. 轻盈不厚重的悬空式收纳柜

此案例的柜体位于客厅与餐厅的动线上，业主希望在收纳物品之外，还能拥有展示功能。为了不让深度 60 cm 的柜体为空间带来压迫感，设计师先是将邻近餐厅的转角内缩，以斜切 45° 的方式为畸零角落打造展示空间，可用来陈列体积不大的物品。而柜体做悬空设计，下方留有 40 cm 的高度，让柜体在空间中不会显得过于厚重。面向客厅的柜体设计了凹位，同样有使视觉轻盈的效果，圆弧线条为原本单调的柜体增添了灵动与趣味。

使用者需求◆希望有充足的收纳量，并拥有小型展示空间。

尺寸◆宽 163 cm，高 234 cm，深 60 cm。

材质◆板材。

044
图片提供 巢空间室内设计（NestSpace Design）

044. 既是收纳展示柜，也是宠物的跳台

由于业主和宠物猫一起生活，因此需要客厅电视柜具有多种功能，既能满足生活收纳及装饰需求，也能成为猫咪的跳台，且空间视线不会被阻断。电视柜、猫跳台和层板之间有25 ~ 30 cm的高度差，既适合让猫跳跃，又让主人使用起来比较舒适。将跳台按比例随机打散，让猫在活动时更加自由。为降低猫对柜体的破坏，板材外没有使用木贴皮，而是选用美耐板，并且使用了无把手柜门设计。

使用者需求◆既能满足收纳需求，也能成为宠物的游乐场。
尺寸◆层板：宽250 cm，高150 cm，深20 cm。
电视柜：宽300 cm，高30 cm，深35 cm。
十字跳台：深20 cm。
材质◆板材、美耐板、缓冲铰链、滑轨。

045
图片提供 相即

045. 用层架打造北欧风格客厅

用铁件搭配板材做出具有北欧风格的展示柜，开放式设计看起来非常轻巧。下方还设计了6个活动柜，可收纳图书、杂物和文件，加宽的活动柜也可作为临时客用座椅使用。

使用者需求◆业主希望可以展示旅行纪念品，同时要有收纳图书、杂物的空间。
尺寸◆宽250 cm，高260 cm，深40 cm，层板厚度4 cm，跨距80 cm。
材质◆黑铁烤漆、红橡木贴皮、万向轮。

图片提供 方构制作空间设计

046. 让漫画书柜成为家中个性端景墙

业主收藏了大量漫画，设计师将业主的喜好实体化，在客厅侧面墙上定制了一面以收纳漫画书为主的展示柜，令其成为家居装饰个性墙。柜体由 16.5 cm 宽的小格与 1 cm 厚的木纹夹板组合而成，兼具细腻外观与承重能力。夹板抛磨后涂上透明漆，凸显色彩与纹路，与家居中的木元素相呼应，业主还因此特意褪去了漫画书鲜艳的护封，仅展示低彩度的书脊，将书籍完美融入整体设计中。

使用者需求◆想在客厅打造一面专属的漫画展示墙。

尺寸◆宽 140 cm，高 195 cm，深 15 cm。

材质与工艺◆夹板抛磨后上透明漆。

047. 延伸收纳柜，用推拉门隐藏楼梯，让墙面更完整

重新分配空间后，将原本的一间卧室改为孩子的游戏空间，客厅则舍弃传统电视墙，改为投影幕布的形式，柜体主要承担展示与收纳的功能。柜子最左侧作为玄关之外的扩充鞋柜，用于收纳一些穿得少的鞋子；中间打造开放格，用于展示女主人心爱的模型；最右侧延伸柜体的材质，打造推拉门来隐藏楼梯，让整体视觉感更加完整利落。

使用者需求◆家里有孩子，需要活动空间，收纳量需求大，楼梯在中间，需要修饰。
尺寸◆宽 495 cm，高 264 cm，深 40 cm。
材质◆板材。

047

图片提供　乐创空间设计

048. 打造能自由嬉戏的家居图书馆

业主希望客厅能结合学习与娱乐功能，让孩子在快乐的空间中培养阅读习惯。设计师通过拆除客厅相邻的房间，让公共空间延伸至临窗采光区域，并在吊顶和墙面使用白色与浅灰色，打造舒适的空间氛围。然后将双面书架墙往前移，打造图书馆般的环形动线，同时在中央开孔，打造座位，并加强承重结构，令整个柜体内外和四周都是可以随地坐卧、阅读嬉戏的乐园。

使用者需求◆想让孩子在家轻松自然地阅读、游戏，让生活充满书卷气息。
尺寸◆宽 700 cm，高 270 cm，深 50 cm。
材质◆板材。

048

图片提供　筑乐居

049. 用推拉门做电视墙，增强收纳功能

客厅利用柱体深度打造柜体，用木贴皮推拉门做电视墙，这样就可以充分利用电视墙后面的空间来收纳物品，同时又让电视墙发挥遮蔽的功能。左右两侧柜体采用半开放设计，可适当遮挡凌乱的物品。

使用者需求◆业主藏书量大，希望有收纳空间，且外观要平整好看，也想有放置大尺寸电视的位置。

尺寸◆左侧柜体：宽 75 cm，高 225 cm，深 32 cm。右侧柜体：宽 93 cm，高 225 cm，深 32 cm。电视墙后柜体：宽 154 cm，高 225 cm。

材质◆板材、木贴皮。

图片提供 实适空间设计

049

050. 承担“起承转合”作用的白色收纳柜

在玄关与客厅之间设计一组收纳柜，用来衔接玄关柜和电视墙，并让视线向内延伸。电视墙通过木格栅与白色柜门面材互相映衬，营造设计美感。在功能上，柜体右侧连接玄关，吊挂衣物功能方便贴心，而左侧边缘以圆弧设计收边，营造轻盈、圆润的视感。下方木色矮柜可以满足视听设备的收纳需求，也拓宽了客厅格局。

使用者需求◆业主喜好五星级酒店的精品质感，且房间为单向采光的格局，玄关处显得较为阴暗，想进行改善，并提高质感。

尺寸◆上柜：宽 212 cm，高 197 cm，深 32 cm。下柜：宽 695 cm，高 45 cm，深 48 cm。

材质◆上柜：栓木贴皮喷白。下柜：尤加利木贴皮。

050

图片提供 文仪设计

051　图片提供　王采元工作室　摄影　汪德范

051. 兼具四大功能区域的主墙收纳柜

本案例的公共空间综合了客厅、餐厅、健身房、工作区四大功能，在主墙打造了整墙收纳柜和集成餐桌。收纳柜前半部分暗藏了阶梯箱、瑜伽球、杠铃、特制拉力柱等器材，梁下还有悬挂五金可以吊挂运动器材；而柜体后半部分则邻近工作区，存放有缝纫机、内嵌式熨衣板等缝纫相关物品。可随柜门横移的活动长桌，能依照业主当下的需求轻松移动到合适的位置，充当工作桌或餐桌。

使用者需求◆要能满足客餐厅、健身房与工作区等多种功能需求。
尺寸◆宽 590 cm，高 240 cm，深 68 cm。
材质与工艺◆宝丽板、硅藻泥，亮面喷漆。

052　图片提供　寓子空间设计

052. 利用墙面打造大容量收纳柜

本案例整体空间有限，设计师利用电视墙打造大面积柜体，创造充足的收纳空间。为了不让柜体在视觉上带来压迫感，特意设计成悬挂式，并以白色柜门营造清爽感，搭配灰色的底墙，为空间增添线条与层次。

使用者需求◆缺乏收纳空间，需要大容量储物柜。
尺寸◆宽 190 cm，高 150 cm，深 40 cm。
材质◆板材。

053. 集中收纳让电视墙更显利落

为了让室内明亮、开阔，设计师在房屋做完墙体鉴定之后，扩大了开窗，同时将餐厅与厨房改为开放格局，让公共空间可以有双向采光。另外，设计师还在大门与厨房之间增设了储藏室来收纳杂物，由此才能在客厅无负担地采用木格栅打造简约电视墙，而左侧白色柜体与下方电视矮柜只需收纳客厅常用电器或物品即可。

使用者需求◆老房因开窗小而显得阴暗，原本收纳规划不佳，整体空间显得凌乱，需要改善。
尺寸◆上方柜体：宽 116 cm，高 215 cm，深 37 cm。下方矮柜：宽 345 cm，高 30 cm，深 45 cm。
材质◆上方柜体：白色美耐板。下方矮柜：木纹美耐板、白色美耐板台面。

图片提供 文仪设计

053

054. 让视觉感更轻盈的收纳展示柜

054

图片提供 时治设计

业主喜爱极简风格，希望房屋设计能尽量简洁。为了收纳视听设备及电线，设计师规划了悬空式柜体，并以无把手设计让视觉留白，打造清爽的视觉效果。针对业主的琉璃收藏品，设计师在柜体中规划了可局部照明的凹位，使用的钢板很薄，线条更显轻盈。下方的抽屉矮柜除了收纳功能外，还在后方留有线槽，方便业主整理收纳电线。

使用者需求◆希望视觉线条简洁，同时又具有收纳及展示功能。
尺寸◆收纳柜：宽 130 cm，高 210 cm，深 40 cm。抽屉矮柜：宽 400 cm，高 25 cm，深 40 cm。
材质◆收纳柜：烤漆板材、钢板。抽屉矮柜：白橡木贴皮（做拉丝及染色处理）。

055
图片提供 拾隅设计

055. 用飘窗和收纳柜放大空间视觉景深

美式风格的客厅中，沙发和电视的间距有限，而窗户是向外凸出的，设计师在这里设计了飘窗和收纳柜，巧妙地利用采光和飘窗的深浅层次，放大了空间的视觉景深。业主可以在飘窗阅读或处理工作，偶尔还可以在此休息。两侧的开放式收纳柜可收纳书籍、纪念品等，飘窗下方是抽屉，也具有一定的收纳功能。这样的设计为临窗墙面赋予了多元实用功能。

使用者需求◆客厅需要具备基础的收纳功能，除了沙发，希望再有一个休息的角落。
尺寸◆飘窗：宽 161 cm，高 40 cm，深 57 cm。两侧收纳柜：宽 85cm 和 89 cm，高 272 cm，深 33 cm。
材质及工艺◆板材，烤漆。

056. 美观与功能并存，满足空间收纳需求

254.1 m^2 的老房子在空间设计中融入了圆融的概念。客厅以社交、聚会为主要功能，在收纳上以装饰性收纳为主，设计师利用金属材质打造整面墙的弧形展示架，即使架上不陈列物品，也能作为一件充满张力的空间艺术品。客厅另一侧打造了低调的黑色高柜作为功能性收纳柜，以实现大空间的收纳需求。

使用者需求◆希望柜体不只有收纳功能，也可兼具展示功能。
尺寸◆宽 280 cm，高 210 cm，深 45 cm。
材质◆板材、金属。

056
图片提供 怀特设计

057. 能隐藏电视机的推拉门电视柜

电视柜从玄关延伸至客厅，兼具玄关柜、穿鞋凳、杂物收纳柜等功能。最特别的是能用推拉门将柜体全部关上，成为遮蔽电视机的白净墙面，让孩子在阅读学习时更加专心。柜门后面的层板提供了大容量的杂物收纳空间，由于有柜门遮蔽，因此无须担心落尘、整齐与否，简化了业主日常打扫整理的工作。

使用者需求◆希望降低电视机对孩子学习的影响，同时兼具收纳功能。
尺寸◆宽 660 cm，高 180 cm，深 40 cm。
材质与工艺◆板材，烤漆。

图片提供 筑乐居
057

058
图片提供 寓子空间设计

058. 拥有丰富收纳量的电视柜

不像一般顶天立地的电视柜，本案例中设计师特地将电视柜设计成吊柜的形式，减少柜体的压迫感。柜门使用了新型板材，大容量柜体还可收纳书籍与杂志等。下方矮柜顺着空间线条延伸至窗边，塑造韵律感。开放格可放置视听设备，一旁的抽屉则可用来收纳琐碎的物品。柜体在靠窗边的部分设计了上掀式柜门，可增加空间的储物功能。

使用者需求◆希望电视柜有一定储物功能。
尺寸◆电视柜：宽 90 cm，高 160 cm，深 35 cm。
下方矮柜：宽 180 cm，高 40 cm，深 35 cm。
材质◆新型板材、涂料。

图片提供　乐创空间设计

059. 融入咖啡厅概念，用层格展示旅行回忆

业主夫妻喜欢旅行，从世界各地带回了许多马克杯作为纪念品。设计师在设计厨房时融入了咖啡厅的概念，将玄关旁的重要位置规划了开放式层格展示柜，摆放这些具有纪念意义的杯子和冲煮咖啡用的器材。可滑动的黑板漆柜门可以作为出门时随手记录的留言板，厨房的高吧台既营造了休闲的家居氛围，也能适度遮挡烹饪时杂乱的料理台面。

使用者需求◆业主收藏了很多马克杯，想要有一个展示的空间。
尺寸◆宽 80 cm，高 240 cm，深 35 cm。
材质◆板材。

图片提供　深活生活设计有限公司

060. 将乐谱线条化为柜门装饰，兼容美观性及功能性

现代化家居少不了满足视听需求的影音设备，必须给予其足够的收纳空间以维持室内的简洁利落。客厅电视墙与卧室衣柜共享墙面，在朝向客厅的一侧留出容量充足的收纳柜位置，用于放置各类视听设备、游戏机等，并试图延续空间的设计理念，把乐谱线条化为柜门上的装饰，将音乐的听觉想象转化成视觉灵感。同时，柜门上使用线条格栅也有助于设备通风，并且还可以利用木条的高低落差，不着痕迹地将把手隐藏其中。

使用者需求◆业主有很多影音设备，想要在方便使用的地方设计大容量的电视柜整合收纳。
尺寸◆宽 62 cm，深 45 cm，高 245 cm。
材质◆木质柜门、木格栅把手。

061. 利用电视墙整合收纳与展示功能

由于业主并无安装电视机的打算，因此计划利用空白的电视墙规划完整的收纳功能。设计师选用悬空层架来收纳图书，层架高度可以弹性调整，层架上还可以放置植物及装饰品等来装点空间。下方的电视柜高度恰好与投影幕布放下来的底部吻合，做悬空设计是为了预留空间摆放扫地机器人。柜门设计成日式风格，镂空的把手方便业主开关柜门。

使用者需求◆希望能充分利用空白的电视墙做收纳规划，下方电视柜可放置杂物及视听设备，并预留空间放置扫地机器人。

尺寸◆宽 282 cm，高 40 cm，深 35 cm。

材质及工艺◆实木贴皮、柜门喷漆。

图片提供 穆丰设计

061

062. 利用轻盈材质减轻柜体视觉压迫感

客厅收纳柜将 L 形钢架与玻璃层板结合，利用两种材质的轻薄和穿透性，堆叠出轻盈的线条层次，减少压迫感，同时兼具展示业主收藏的模型的功能。一旁的电视墙大面积涂刷自然感十足的矿物涂料，用质朴的元素巧妙平衡柜体黑白分明的颜色设计，打造方便又有温度的客厅氛围。

图片提供 拾隅设计

062

使用者需求◆希望有大量的封闭式收纳空间，另外需有模型展示的空间。

尺寸◆木柜：宽 187 cm，高 253 cm，深 40 cm。

玻璃展示柜：宽 45 cm，高 213 cm，深 40 cm。

电视柜：宽 170 cm，高 25 cm。

材质◆板材、玻璃层板、钢架、矿物涂料。

063 图片提供 实适空间设计

063. 靓蓝色搭配木色，丰富柜体色彩

业主要求电视柜要满足收纳及展示需求。设计师通过悬空设计展现柜体的轻盈感，柜门与柜体内部选用的蓝色源于业主喜爱马蒂斯的画作，外层用温润的木色搭配，增加层次质感。柜体底部约 30 cm 高，可以收纳扫地机器人。

使用者需求◆客厅需要电视柜，设计时需考虑柜体深度，避免柜体体量过大而产生压迫感。
尺寸◆宽 240 cm，高 30 cm，深 45 cm。
材质◆烤漆板材。

064 图片提供 方构制作空间设计

064. 收纳墙面涂刷矿物涂料，展现自然感

本案例的客餐厨为开放式空间，共享 L 形过道两面开窗的充足采光。电视墙采用悬吊镂空设计，减轻视觉压迫感，有引导环状动线的功能。电视墙和餐厨侧墙转角柜的表面涂刷自然晕黄的水泥色矿物涂料，营造低调的视觉重心。这里的收纳主要规划于电视墙下方的抽屉与转角柜当中，位于过道的柜门采用无把手设计，随着位置可左右开启，减少多余元素，兼顾使用的安全性与合理性。

使用者需求◆好整理、好拿取的随手收纳空间。
尺寸◆转角杂物柜：宽 100 cm，高 240 cm，深 60 cm。电视柜：宽 200 cm，高 35 cm，深 45 cm。
材质◆板材、矿物涂料。

065. 大容量书柜收纳海量图书，洗手台外置，释放客卫空间

业主极爱阅读，有海量图书需要收纳，希望能将女儿的绘本也一并收纳。设计师设计了一面以青藤色铁板打造的书柜墙，同时整合了电视墙功能，丰富空间功能性。书柜墙除了收纳及划分空间的功能外，还可以将位于公共空间的洗手台隐蔽起来。由于客卫面积局促，因此设计师将洗手台规划在客卫外面公共空间的动线枢纽处，增加使用的便利性，并设置了抽屉与平开门收纳柜，提升收纳容量。

使用者需求◆业主需要收纳图书和划分空间的书柜墙，公共空间需要洗手台，让客卫使用起来更宽敞、舒适。

尺寸◆宽 580 cm，高 268 cm，深 35 cm。

材质◆喷漆铁板、喷漆板材。

图片提供　甘纳空间设计

065

066
图片提供 穆丰设计

066. 将功能各异的柜体相连，善用转角增加收纳量

业主收藏了许多旅游纪念品，因此柜体需要提供展示功能。设计师规划了通顶高柜，连接电视柜至飘窗。高柜的柜格大小不一，是为了摆放不同尺寸的纪念品，局部加装柜门，可以提供收纳杂物的空间。电视柜与飘窗的转角处设计了一个上掀式柜体，可以收纳孩子们的玩具，飘窗下方设置了抽屉，增加了收纳容量。为了避免在行走中撞到把手，柜体的把手皆采用斜把手设计或者镂空设计，除了保障生活的安全性之外，也让整体视觉显得清新简约。

使用者需求◆需要能够展示旅游纪念品的柜体，柜格的大小不要过于单一，并希望能增加家中收纳杂物的空间。
尺寸◆电视开放高柜：宽 150 cm，高 205 cm，深 40 cm。电视柜：宽 250 cm，高 25 cm，深 40 cm。转角上掀柜：宽 40 cm，高 50 cm，深 40 cm。飘窗：宽 340 cm，高 40 cm，深 60 cm。
材质◆喷漆板材、木贴皮。

067
图片提供 甘纳空间设计

067. 仿积木电视书墙，多元化设计满足各类收纳需求

业主是个乐高积木迷，有很多模型想要展示出来，因此设计师依据积木的意象，将书柜与电视柜结合起来打造了富有造型的柜体，表现出方格堆叠的视觉感。柜体上方平台可供业主自由更换与展示模型，中间柜体将开放格与封闭格错落配置，整合了图书展示与杂物收纳的功能。隐藏式把手简化了柜体线条，呈现利落简约的气息。下方柜体则采用了抽屉的形式。

使用者需求◆首要需求是有展示模型的空间，以及需要有收纳功能的柜体，同时以多元设计提高分类收纳物品的效率。
尺寸◆宽 630 cm，高 155 cm，深 45 cm。
材质◆木纹板材喷漆。

068. 用不同材质打造隔断墙柜

设计师用大型墙柜在公共空间进行隔断，并打造回形动线，串联客餐厅功能，解决业主在意的空间布局问题。柜体左侧金属层架上的八格抽屉为餐具提供了收纳空间，电视下方的水磨石平台则规划为影音设备收纳区。由板材、石材与金属三种不同材质打造出的柜体有效降低了压迫性，让空气能自由流动，光线也能够穿透过去，使玄关不再阴暗闭塞。

使用者需求◆用柜体解决开门见窗的布局问题，兼顾餐具与影音设备的收纳需求。

尺寸◆宽 380 cm，高 230 cm，深 45 cm。

材质◆喷漆板材、金属、水磨石。

图片提供 向度设计

068

069. “书虫”专属的收纳柜

热爱阅读的业主拥有大量图书，且没有看电视的习惯。设计师在客厅的墙面上规划了犹如图书馆一般的书墙，用分隔设计收纳大量图书。同时，考虑到收纳需求，在中间打造了推拉门式收纳柜，柜体内可以放置吸尘器等较为高长的物品。柜门边框使用了雾蓝色烤漆，蓝色线条为纯白空间带来了活泼与清爽的感觉。

使用者需求◆业主有许多图书，因此需要大容量的书柜。

尺寸◆宽 240 cm，高 234 cm，深 40 cm。

材质◆板材、磁铁板（推拉门）。

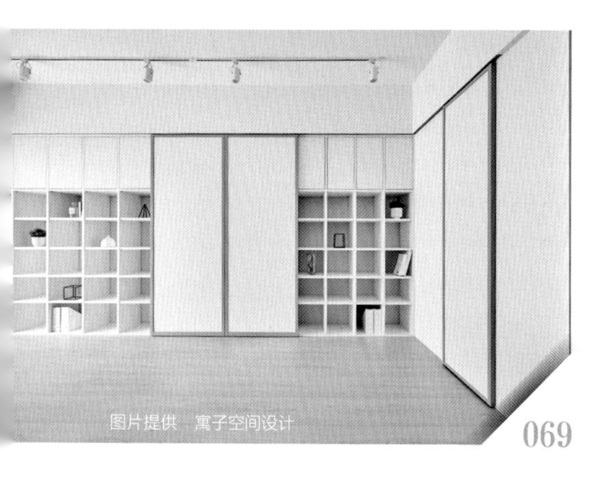

图片提供 寓子空间设计

069

070
图片提供 寓子空间设计

070. 板材做凹凸式切割，让柜体到墙面过渡更自然

墙上的柜体是电视墙延伸的部分。由于电视墙为凸显涂料质感，做了留白设计，因此设计师在墙面上方打造了展示柜，实现收纳功能。设计师在板材的切割上做了凹凸变化，巧妙地解决了从墙面过渡到柜体的连接问题，并在下方墙面及抽屉面板上涂刷涂料，保持统一色调。

使用者需求◆需要展示空间，收纳部分影音设备。
尺寸◆宽 220 cm，高 260 cm，深 20 cm。
材质◆板材、涂料。

071
图片提供 时治设计

071. 拥有优秀收纳功能的电视柜

本案例弥补了以往电视柜收纳功能不佳的缺点，设计师将电视柜与收纳柜整合于墙面，精准拿捏吊柜与下柜的尺寸与体量，让空间不显拥挤。柜体下方的开放空间可用来收纳图书。右侧设计推拉门式柜体，满足居住者的收纳需求。用洞洞板作为柜门，可以随心所欲地变换吊挂的物品，增添家居装饰的乐趣。

使用者需求◆空间有限，希望能在区域中尽可能多地打造收纳。
尺寸◆电视柜：宽 180 cm，高 240 cm，深 45 cm。推拉门收纳柜：宽 80 cm，高 240 cm，深 45 cm。
材质◆白橡木贴皮、白色烤漆板材（柜门）。

072. 打造拼色柜收纳玩具和影音设备

业主家有两个孩子，时常开展亲子活动，需要为聚会、游戏提供场地。设计师在规划时舍弃了电视机、沙发等，用磁性黑板、投影幕布以及开阔、可随意坐卧的木地板打造舒适的互动空间。墙面上的拼色柜由黑色、原木色搭配组合，可收纳影音设备、玩具等物品，混杂的深色元素打造了低调的视觉感，并降低了柜体的存在感。

使用者需求◆需要给孩子提供聚会、游戏的场地，并有能整齐存放影音设备、游戏玩具的地方。

尺寸◆宽 120 cm，高 240 cm，深 40 cm。

材质◆板材、黑色玻璃。

图片提供 筑乐居

072

图片提供 向度设计

073

073. 弱化电视机存在感的黑白简约柜体

老房重新装修后，纯白墙面的设计为开放空间带来无边界的放大效果，令客厅、餐厅、休闲区共享空间开阔感与明亮的采光。电视墙与大门相邻，设计者将玄关柜与客厅收纳柜整合于同一平面，并在背景做黑色喷漆，弱化电视机的存在感。通过整合，可将女主人珍藏的收藏品排列在层架上，成为家居个性装饰品。

使用者需求◆业主希望能展示自己的收藏品，并为孩子提供不易磕碰的安全活动场地。

尺寸◆电视柜：宽 315 cm，高 230 cm，深 40 cm。

材质◆喷漆板材。

074. 柜体贴墙打造，简化空间线条

本案例中沙发侧面的玄关柜紧贴大门和客厅，因此在功能上也围绕这两个区域的需求来量身打造。左边是玻璃层板收纳区，让业主进门后可随手放置钥匙和包。下方石板平台是沙发的边几，是业主摆放水杯、遥控器、薰香和图书的便利角落。上方的对开门柜体除了收纳杂物外，还将电表箱隐藏其中。设计师特意将电表箱门改为横移式，如此一来不用卸下层板即可查看电表情况，非常方便。

使用者需求◆住宅空间有限，希望能兼顾玄关与客厅的收纳需求。

尺寸◆侧柜：宽 140 cm，高 250 cm，深 35 cm。

材质◆板材喷漆、玻璃、石板。

074

图片提供　向度设计

075. 柜体外观多变，让物品都有专属收纳区域

设计师根据业主的生活习惯，利用玄关到客厅的宽度规划了各种体贴的收纳功能。收纳柜最左侧的推拉门后面是可以放入双肩包的双层抽屉，接着是中间的开放层架与右边白色烤漆柜门搭配半圆把手的收纳柜体，不同区域的设计增添了柜体外观的丰富性。其中白色烤漆柜门隐藏了大型收纳空间，并舍弃踢脚线，让行李箱可轻松推入收纳。最右侧的半圆装饰柜门呼应了把手的造型，同时兼具景观功能。

使用者需求◆需要一回家就能收纳双肩包的地方，还有行李箱、吸尘器等收纳需求。
尺寸◆宽 764 cm，高 282 cm，深 45 cm。
材质及工艺◆木贴皮，烤漆。

图片提供 馥阁设计集团（FUGE GROUP）
075

图片提供 穆丰设计
076

076. 赋予书柜柜门黑板功能

客厅规划了与电视柜延伸出的平台连成一体的大面积书柜，格数众多的书柜可充分收纳业主的图书。书柜上的活动柜门可以局部遮蔽，柜门材质为烤漆玻璃，可以用作黑板。在着重于收纳展示品的柜体上加装玻璃柜门，不仅透视性良好，也能确保展示品的安全。

使用者需求◆业主有大量图书需要收纳，且希望家中能有黑板用于指导孩子功课。
尺寸◆宽 238.5 cm，高 230 cm，深 34 cm。
材质◆实木贴皮、烤漆玻璃。

077

图片提供 穆丰设计

077. 依照需求划分柜体收纳与展示比例

由于业主夫妇有大量的收纳需求，因此设计师将玄关柜与电视柜相结合，设计了通顶高柜，增加储物功能。柜体形式有差别，业主可以根据物品大小分类收纳，而高柜内的层架能自由调整高度，增加了收纳空间的使用弹性。设计师在电视墙与穿鞋凳之间设计了三角形柜体，有效地利用了畸零空间。把手采用镂空设计，高度不一的错落安排使视觉感更加丰富有趣。

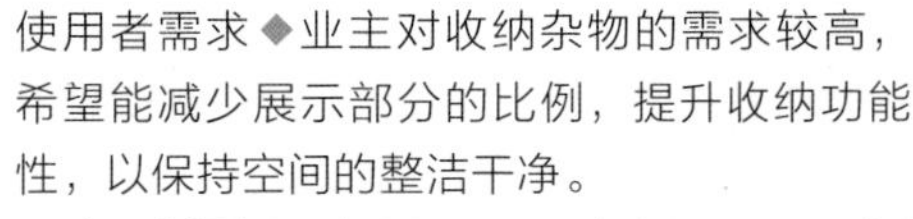

使用者需求◆业主对收纳杂物的需求较高，希望能减少展示部分的比例，提升收纳功能性，以保持空间的整洁干净。

尺寸◆电视柜：宽 260 cm，高 220.5 cm，深 40 cm。三角柜：宽 52 cm，高 220.5 cm，深 40 cm。玄关柜：宽 90cm，高 220.5 cm，深 62 cm。

材质◆喷漆板材、实木贴皮。

078

图片提供 向度设计

078. 集合收纳墙，用进退面减轻压迫感

本案例为 19.8 m^2 的长方形小空间，设计师将大型柜体规划在玄关侧墙，搭配全屋统一的黑色、白色、灰色设计，力求保留动线及视线的通透性。柜体从玄关向内依次为鞋柜、电视墙与衣柜，白色柜体部分与涂刷灰色涂料的电视墙形成视觉进退面，呈现空间立体轮廓。

使用者需求◆将鞋子、衣物分门别类地收纳规划，最好能兼顾功能与空间感。

尺寸◆宽 480 cm，高 250 cm，深 60 cm。

材质◆板材、灰色涂料、铁板、石材。

079. 借助活动柜门实现一柜两用

人们生活习惯的转变，让客厅不必再以电视机为核心。此案例的特点是在电视墙两侧打造了书柜，并采用活动柜门，可以将电视机隐藏起来，让墙面变得干净纯粹，生活也不再聚焦于观看电视。活动柜门增添了黑板墙的功能，让业主可以随兴涂鸦书写。

使用者需求◆不希望全家人被电视“捆绑”。
尺寸◆宽 370 cm，高 240 cm，深 30 cm。
材质◆板材。

图片提供 日作空间设计

079

080. 借助木质层架营造生活感

将原来的三间房拆除一间变成两间房，客厅变得宽敞许多。设计师利用空间充裕的深度，在沙发后面打造了大面积柜体。两侧是封闭式高柜带抽屉，可以放零碎的生活杂物。柜体中间加入业主喜爱的温润材质，设计了开放式木层架，上面可以摆放业主收藏的小件艺术品、图书等，增添生活感。

使用者需求◆喜欢收藏小件艺术品，也有其他杂物的收纳需求。
尺寸◆宽 430 cm，高 270 cm，深 40 cm。
材质◆板材、木贴皮。

图片提供 实适空间设计

080

081

图片提供：甘纳空间设计

081. 弧面书柜划分空间，软化空间线条

在客餐厅墙面打造的弧面书柜没有直角墙面的锐利，展示玩偶的背景是质地温润的木材。设计师在层架上做了几处开口，让家中宠物可以跳跃上去。除了展示与收纳，弧面书柜还有着隔墙的功能，其中一侧弧面连接至女主人的专属衣帽间，可通过柜门移动到不同空间，柜门上还打造了可以让宠物穿行的开口。此外，书柜还整合了工作区，让业主可以在家工作，且生活动线比较集中，不会过度发散。

使用者需求◆公共空间需要隔墙来划分区域，弧面书柜替代了锐利的直角墙面，软化了空间线条，大小不同的层板空间可以用来展示玩偶与图书。

尺寸◆宽 500 cm，高 269 cm，深 40 cm。

材质◆木贴皮。

082. 玄关柜与电视柜整合，山形凹位增加活泼感

原始户型中，主卧的门开在电视墙上，显得零乱而局促。设计师采用隐藏门设计，使墙面看起来更为完整。电视柜离大门不远，因此规划了抽屉，方便业主进门后在此放置钥匙等小型物品。中间的展示凹位设计成山形，给空间增添了活泼与童趣，而电视柜下方预留了较多空间，可用来放置业主为孩子准备的收纳盒，保留了一定的灵活性。

使用者需求◆整合不同的收纳需求，释放更多空间，并希望柜体设计能展现童趣感。

尺寸◆玄关柜：宽 75 cm，高 206 cm，深 40 cm。电视柜：宽 182.5 cm，高 25 cm，深 40 cm，离地 34 cm。

材质◆喷漆板材。

082

图片提供：穆丰设计

083. 不影响客厅采光的透光柜体

业主夫妻都在家工作，因此需要两个不会互相影响的生活空间。原有格局中，工作室会遮挡客厅采光，因此设计师用光线可穿透的收纳柜来分隔两个空间。左右两间工作室的玻璃拉门可以收在柜体后，不论开启还是关闭，都不会影响客厅采光。柜体还具有展示功能，可以放置图书或纪念品，下方封闭式区域则可收纳使用频率较低的物品。

使用者需求◆希望能分隔空间，并为客厅争取采光。
尺寸◆宽 300 cm，高 236 cm，深 35 cm。
材质◆木贴皮。

图片提供 寓子空间设计
083

084. 整合展示、收纳的多功能书柜墙

为了收纳业主的图书，设计师在沙发后面的墙面设计了一面书柜墙，将客厅打造成一个小型图书馆。书柜采用柜门与开放式层架相结合的方式，让业主可以随喜好选择将物品展示出来还是收藏进柜体中，不用刻意调整图书顺序位置，更方便整理。柜体上面的层架用于摆放新买的装饰品或马克杯，在每层横向安装了金属细栏，可防止物品从高处掉落。

使用者需求◆业主喜欢收藏马克杯、装饰品，更有大量图书需要收纳。
尺寸◆宽 570 cm，高 245 cm，深 30 cm。
材质◆板材、金属。

图片提供 日作空间设计
084

图片提供 时治设计

085

085. 满足不同居住者需求的收纳柜

室内设计的目的是满足居住者的需求。此案例的业主热爱旅游，积攒了很多从世界各地带回来的纪念品，希望在家中有一个空间能够陈列这些“旅行的记忆”。业主的父母有很多生活物品，种类繁杂，需要大量收纳空间。在这面柜体中，设计师用木纹板材打造了上方和下方柜体，给父母提供了足够的收纳空间，中间则规划成开放式层格，蓝绿色的板材在木纹的映衬下更显得活泼而充满朝气。

使用者需求◆热爱旅行的业主希望有足够的展示空间，同住的父母因物品较多，需要大量收纳空间。

尺寸◆总宽 450 cm，高 235 cm， 深 40 cm。

材质及工艺◆木纹板材，亚光烤漆。

图片提供 筑乐居
086

086. 日式书柜打造三屏幕电脑工作区

为了满足男主人回家仍需要用电脑工作、休闲的需求，设计师在餐桌后的墙面规划了一面展示书架。书架用铁件、板材、矿物漆等打造而成，展现了一种日式风格。书架可提供简单的图书、物品收纳功能，同时在对动线影响较小的左下角靠墙区域打造了三屏幕电脑工作区。

使用者需求◆在不影响动线的前提下，为男主人提供三屏幕电脑工作区。
尺寸◆宽 280 cm，高 230 cm，深 40 cm。
材质◆铁件、板材、矿物漆。

图片提供 文仪设计
087

087. 黑白花砖凸显自然风情

因公共空间已有开放式岛台西厨区，所以这间厨房的规划主要着重于中式料理与收纳需求。虽然橱柜与家电占据了较大面积，但设计师对外观风格的设计仍不马虎，在墙面选择了呼应公共空间的黑白花砖，既凸显出自然风情，且搭配上白下蓝的橱柜后，清爽的配色也减缓了长条形厨房的压迫感，让满墙橱柜不显单调。

使用者需求◆为弥补公共空间岛台西厨区不方便使用会产生油烟的烹调方式的缺陷，需另有独立中厨区来满足相关料理与收纳的需求。
尺寸◆吊柜：宽 297 cm，高 94.5 cm，深 60 cm。
下柜：宽 297 cm，高 85 cm，深 60 cm。
电器柜：宽 60 cm，高 245 cm，深 60 cm。
材质◆人造石（台面）、欧式造型柜门、五金。

088
图片提供 乐创空间设计

088. 多功能设计让柜体收纳更灵活

本案例充分利用大面积采光的优势，采用全开放设计，在客厅、书房与餐厨的公共空间打造流畅动线，全家人在这里可密切互动，毫无障碍。沙发后方空间被规划为多功能区域，可用作餐厅和书房，因此这里的收纳柜也必须满足多功能需求。开放层格可以摆放陪伴工作的音响和图书、文件，抽屉则用于收纳餐具，最下方的空间能放置收纳篮来收整杂物，完善的收纳设计让生活井然有序。

使用者需求◆公共空间尽量宽敞，收纳柜要能满足多功能需求。
尺寸◆宽 290 cm，高 240 cm，深 35 cm。
材质◆板材。

089
图片提供 实适空间设计

089. 用畸零空间打造柜体，让厨房更实用

为满足业主需求，设计师将原先的一字形厨房改造为 U 形厨房，安装玻璃推拉门来阻挡油烟，并解决了原先卫生间门位于厨房内的问题。厨房左侧主要用来收纳咖啡机等小家电，柜体搭配了拉盘设计，更加实用；右侧则是洗菜、料理的功能区，与冰箱、燃气灶构成黄金三角动线。上方吊柜没有做满，局部打造成开放层架，便于收纳经常使用的餐具，并降低视觉压迫感。此外，在厨房外的转角空间打造层架，既可放置各种酒类，又能展示装饰品。

使用者需求◆业主希望好好打造厨房，并喜欢品酒，想要一个能收纳各种酒类的设计。
尺寸◆橱柜：宽 270 cm，深 35cm 和 60 cm。右下柜：高 88 cm，深 60 cm。右吊柜：高 78 cm，深 37 cm。
材质◆板材、玻璃（推拉门）。

090. 大容量橱柜整合层板，展示生活感

设计师在墙面上打造一面橱柜，让所有家电都能被放在最适合的位置，这样业主操作起来更得心应手。吊柜选用了木框与玻璃结合的松木柜门，下面做成层板，陈列常用物品，让空间更多了一分生活感。右侧分层设置柜体，充分利用空间，最下面一层可放置大型物品，如吸尘器等清洁工具，收纳量非常充足。

使用者需求◆希望能规划具有收纳功能和展现生活感的橱柜。

尺寸◆宽 240 cm，高 235 cm，深 60 cm。

材质◆亚光烤漆板材、人造石台面。

图片提供 时治设计

090

091. 小空间运用同色系材质巧妙隐藏柜体

本案例是业主单身居住的小户型空间，设计师舍弃吊顶设计，在梁下利用轴线适当修饰，用白色板材打造玄关柜和橱柜等，与墙面整合，隐藏柜体的存在感，为小空间创造了充足的收纳量。空间中围绕小型岛台形成一个环形动线，开放式层板使用质感温润的木色，既能衬托业主收藏的物品，也为纯白空间增添了自然气息。

图片提供 深活生活设计有限公司

091

使用者需求◆空间不大，但除了收纳日常物品之外，还要能展示收藏品。

尺寸◆岛台：宽 110 cm，深 75 cm，高 90 cm。岛台后柜体：宽 150 cm，深 60 cm，高 240 cm。

材质◆板材。

092

图片提供 甘纳空间设计

092. 可适应多种生活习惯的收纳柜

由于层高较高，所以设计了通顶的收纳柜，能让一家人陈列各自的收藏品。由于柜子体量较大，因此框架使用金属材质，可以做得比较细，从而减轻视觉重量，并选用柔和的米色呈现。除了作为客餐厅的收纳柜，柜体同时还扮演着划分空间的隔墙，柜体转角相连的部分整合了客卫外置的洗手台，让在不同空间活动的人都能使用。

使用者需求◆业主一家人的收藏爱好各异，希望每个人都能平均分到收纳展示的空间。
尺寸◆整个柜体各部分较多，尺寸较为复杂。
材质◆喷漆板材、喷漆金属。

093

图片提供 筑乐居

093. 隐藏电脑桌的多功能收纳柜

柜体从玄关延伸到客厅，占据了整面墙，兼具玄关柜、展示柜和书柜的功能，也赋予了空间中的餐桌多功能性。柜体可通过横移铁网推拉门来自由调整，弹性选择遮蔽或展示功能。值得一提的是，右侧餐桌后方柜体隐藏了电脑桌和屏幕，使用时只要将石纹柜门打开，便可立刻变身工作区，满足功能方便与外观整齐的双重需求。

使用者需求◆充分利用空间，实现多功能性。
尺寸◆宽 300 cm，高 250 cm，深 50 cm。
材质◆铁网、板材、玻璃、烤漆玻璃。

094. 橱柜功能集中，做事更有效率

呼应全屋的黑白灰色调，餐厨区用木材、大理石和不锈钢为主要材质，充分发挥材质本身的色彩和属性，不但让整体空间显得协调，也保持了各材质自身的特点。空间中岛台、左侧收纳柜和不锈钢橱柜是集中收纳区，并承担烹饪功能，分别放置冰箱、餐具及其他物品。如此一来，使用者在洗菜、烹饪时无须来回走动，便能完成相应事项，从而达到最佳效率。

使用者需求◆想用不锈钢打造橱柜，让各种厨房电器收纳在方便的位置，顺手好用。

尺寸◆收纳柜：宽 60 cm，高 210 cm，深 60 cm。橱柜：宽 280 cm，高 88 cm，深 60 cm。

材质◆不锈钢、大理石、板材。

图片提供 方构制作空间设计

094

图片提供 文仪设计

095

095. 岛台柜体满足厨房和卧室收纳需求

设计师在格局开放的公共空间打造了业主喜爱的现代风格，用深浅有别的灰色和不同材质来展现层次感，并让位于客餐厅和卧室之间的厨房承担起衔接动区与静区的功能。灰色烤漆岛台和收纳柜隔断了卧室动线，与后面的厨房一起可满足烹饪需求。另外，收纳厨房电器的柱式柜体侧面与后面均设计了薄柜，供卧室使用，提升收纳效率。

使用者需求◆室内只有 39.6 m^2，业主喜欢现代风格，希望通过设计让家变得“小而美”，且空间需要具备烹饪功能。

尺寸◆岛台：宽 166 cm，高 84 cm，深 60 cm。收纳柜：宽 54 cm，高 240 cm，深 58 cm。

材质◆岛台：人造石台面、亚光结晶钢琴烤漆、五金。收纳柜：亚光结晶钢琴烤漆、五金。

096
图片提供 帷圆·定制 circle

096. 能收纳餐具，还能放置各式小家电

设计师通过开放式设计将公共空间串联在一起，一扫老房原先的阴暗感，也让家里增添了生活感。为了方便业主和家人、亲友一起享受聚会，在餐厅对侧打造了一个展示收纳柜，不只能收纳餐具，还能摆放各式小家电，既可在此拿取物品，又构成了室内的一道迷人端景墙。此外，墙面铺贴了灯笼花纹的大理石砖，与白色柜体一起展现不同的质感与层次。

使用者需求◆希望能展示出自己的收藏品，打造美观实用收纳柜。
尺寸◆宽 315 cm，高 230 cm，深 45 cm。
材质◆板材、玻璃、大理石砖。

097. 甜品厨师的亲子互动天地

本案例的规划以业主两个孩子的成长空间为主题，打造亲子活动、游戏的空间，未来还可根据需求变化来增设隔间。业主喜欢制作甜品，拥有很多模具和工具，且习惯存放在塑胶抽屉箱中。因此设计师在亲子活动空间的侧面墙上打造了三个储物抽屉柜，深度可以直接安放抽屉箱，让业主可以在这里一边制作甜品，一边关注孩子的活动，让烘焙的香甜气息记录一家人的点点滴滴。

使用者需求◆业主喜欢制作甜品，有很多模具、工具需要收纳，并需要照看孩子。
尺寸◆宽 60 cm，高 226 cm，深 90 cm。
材质及工艺◆宝丽板，亮面烤漆。

097
图片提供 王采元工作室
摄影 王采元

图片提供 筑乐居
098

098. 可收纳童书的多功能餐边柜

客厅侧面的柜体用板材、金属和实木贴皮打造而成，贴墙放置不会影响动线。开放式的中间层板用于放置咖啡机、餐具等，方便随手取用，下层则预留为宝宝的童书书架。整个柜体设计好后交付工厂制作，再于现场组装，既减少现场噪声和粉尘问题，也能对细节做进一步处理。不过定制柜体需要格外注意板材尺寸，避免运送时出现问题。

使用者需求◆在客厅设计一个不影响动线，能辅助放置餐具、童书、展示品的收纳柜。
尺寸◆宽 240 cm，高 250 cm，深 40 cm。
材质◆实木贴皮、板材、金属。

图片提供 筑乐居
099

099. 满足玄关与餐厅需求的多功能收纳柜

此空间玄关紧邻餐厅，为了呼应全屋的宁静氛围，柜门上涂刷了富有质感的涂料，为空间增添细节。与柜体连接的餐桌则使用与涂料颜色相近的新型板材。多功能柜体的开放区域可作为餐边柜使用，放置电器，下方可作为弹性收纳空间，柜体上方用柜门遮挡，供业主收纳使用频率较低的物品，提升收纳量。吊顶处安装间接照明，灯光开启后可赋予多功能柜体别样的感觉。

使用者需求◆玄关与餐厅空间重叠，希望拥有整合收纳功能的柜体。
尺寸◆柜体开放部分：宽 100 cm，高 236 cm，深 40 cm。柜体封闭部分：宽 60 cm，高 236 cm，深 60 cm。
材质◆板材、涂料。

100. 用柜体拉齐墙面，让空间更显宽阔

入户门打开后迎面是一道长廊，设计师在墙面巧妙整合了餐厨区收纳柜与客厅电视墙，用以划分玄关与客厅，化解了原本动线不佳的问题。此处空间为餐厨区，利用大型收纳展示柜拉齐墙面，让空间显得既宽阔又平整，左右两侧是收纳柜，可用来收纳大型家电、物品等。因业主有不少收藏品，所以将中间规划为展示柜，形成餐厨区的端景。值得一提的是，两侧柜体的柜门用两层线板勾勒，透出层次感，也让柜体有一种欧式风格的效果。

使用者需求◆需要充足的收纳及展示区。

尺寸◆餐厨区柜体：宽 300 cm，高 225 cm，中间展示柜深 45 cm，两边收纳柜深 50 cm。

材质◆板材、玻璃、五金。

图片提供 帷圆・定制 circle

100

101. 绿色柜墙隐藏卫生间门与冰箱

本案例为业主单身居住的住宅，空间绰绰有余，但原始卫生间的门对着客餐厅，需要调整。在避免大幅度改动格局的前提下，设计师以卫生间门所在直线为基准，从墙面延伸出一道柜体，每扇柜门后面都隐藏着丰富的收纳功能区，包括收纳层架、脏衣篮、两个收纳高柜、鞋柜等，并在最右侧收进了冰箱的侧面深度。

使用者需求◆业主热爱下厨，不想让卫生间门直接对着客厅。

尺寸◆宽 315 cm，高 230 cm，深 40 cm 和 68 cm。

材质◆烤漆板材。

102

图片提供 拾隅设计

102. 蓝白相间、加强景深的收纳隔墙

在与餐桌相邻的墙面打造了收纳柜，将通往主卧的门隐藏其中。卧室门采用阻尼五金，进出方便且安全。墙面混搭业主喜欢的深蓝色与客厅主色调白色，象征动静两区的过渡。柜体具有延伸视觉、拉阔空间的作用，让墙不再只是呆板的平面。此外，层板穿插内嵌照明，可凸显重点装饰品。

使用者需求◆隔墙柜体兼具收纳与展示功能，融入业主喜爱的深蓝色。

尺寸◆宽 444 cm，深 45 cm，高度为层高减去吊顶高度。

材质◆板材、亚克力喷漆、梧桐木染白。

103

图片提供 时治设计

103. 不同区域赋予柜体多元功能

要如何打造兼具展示及实用功能的柜体？本案例设计师将柜体上下区域规划为收纳区，考虑到业主有很多收藏品，适合连贯的展示空间，因此将视线位置较好的中间区域规划为展示区。推拉门设计可阻挡灰尘，同时还能遮蔽收纳区，满足收纳及展示的需求。

使用者需求◆业主有许多收藏品，希望收纳柜可以兼具展示和收纳功能。

尺寸◆宽 120 cm，高 240 cm，深 45 cm。

材质◆板材、强化玻璃。

104. 美观与功能兼具的现代简约餐边柜

餐厅以黑白灰的经典配色为主色调，穿插点缀了镀钛金属和玻璃等材质，搭配石纹板的墙面，展现现代简约风格，尽显低调精致气息，大面积的木质餐桌则以自然材质显出几分大气与自在。餐边柜可充分收纳杂物，让视觉保持清爽整齐，中间台面则提供放置小家电与常用餐具的空间，使用十分方便。

使用者需求◆希望能在餐桌旁设计收纳功能的餐边柜，用于放置各种物品。

尺寸◆宽 360 cm，高 235 cm，深 45 cm。

材质◆板材、铁件、玻璃。

图片提供 筑乐居

104

105

图片提供 巢空间室内设计（NestSpace Design）

105. 岛台串联餐厨空间，功能一应俱全

这是一间 35 年的老房子，原始格局动线并不流畅，因此设计师将餐厨位置做了调整，充分利用每一寸空间。重新整合后的餐厨空间中有一座岛台，有效延伸了用餐和烹饪的台面，也让生活动线更具有弹性。对面的黑色收纳柜做通顶设计，一方面巧妙地隐藏了油烟管道，另一方面也让空间配色更协调。

使用者需求◆重新规划餐厨动线。

尺寸◆岛台：长 300 cm，宽 60 cm，高 85 cm。

材质◆板材、石英石台面、电镀玫瑰金色金属（把手）。

106
图片提供　寓子空间设计

106. 用仿清水混凝土柜门打造工业风

厨房定制橱柜的柜门用表面仿清水混凝土的板材打造，营造出工业风的感觉。转角部分连接吧台，搭配跳色高脚椅和古铜色吊灯，展现装饰性格。电磁炉下方设计了封闭式柜格放置烤箱，不浪费一寸空间。

使用者需求◆小户型打造实用橱柜，不显拥挤。
尺寸◆柜体各部分尺寸较为复杂，无法统一记录。
材质◆仿清水混凝土板材。

107
图片提供　文仪设计

107. 三区交界的转角柜变小吧台

这间56.1 m^2的房子供业主退休单身居住，业主期待能打造宽松而流畅的生活感。为此，设计师将原本两室两厅的格局进行改造，现在的格局是一间卧室和开放式空间（具有客厅、餐厅、厨房的功能）。收纳方面，在餐厨过道一侧打造了收纳柜，在对面则设计了一个转角柜，用来辅助实现餐厨两区的收纳需求，沿着柜体外围架设桌板，可用作小吧台，让业主多了一个可以煮咖啡的功能空间。

使用者需求◆业主喜欢氛围宽松的居住空间，希望这个家可以让他住得更加舒适。
尺寸◆右侧转角柜：宽 125 cm，高 226 cm，深 105 cm。左侧收纳柜：宽 60 cm，高 226 cm，深 60 cm。
材质◆秋香木贴皮、玻璃。

108. 整合玄关柜和橱柜，精简动线

家中人口不多，面向大门的餐厨空间不需要做太多柜体设计，最好能精简动线，让玄关柜与橱柜连接，组成L形整体收纳柜。考虑到未来有摆放餐桌的需求，空间要预留一定灵活性，因此中间隔断部分的矮柜采用侧边抽拉设计，将收纳功能发挥到极致，让日常生活更加方便。

使用者需求◆物品不多，活动空间尽量简洁、好打理。

尺寸◆橱柜：宽160cm，深40cm，高88cm。玄关柜：宽255 cm，深30 cm，高88 cm，花梨木台面高120 cm。

材质及工艺◆宝丽板、枫木贴皮、花梨木贴皮（接花梨实木线板封边）、整块花梨实木。

图片提供 王采元工作室 摄影 汪德范

108

109. 用上下柜体深度差打造置物台面

将大型柜体整合在一起，连接客厅、餐厅与厨房，通过纯白色、木色等低彩度颜色打造纯净的空间效果，降低柜体的存在感。餐厅部分的柜体在控温酒柜旁设置了两扇推拉门来隐藏后面的酒杯收纳，方便拿取。同时，这里还巧妙利用上下柜体的深度差打造了一个台面，可以放置物品。由于柜门是左右横移的方式，无须担心东西被扫落，为家居生活带来便利性。

图片提供 拾隅设计

109

使用者需求◆希望能在餐厨空间拥有充足的酒杯、杂物收纳空间与台面。

尺寸◆上方收纳柜：宽198 cm，高144 cm，深37 cm。下收纳柜：宽198 cm，高86 cm，深60 cm。左侧收纳柜：宽120 cm，高230 cm，深60 cm。

材质◆板材。

110. 利用配色让柜体成为厨房的视觉焦点

在空间有限的情况下，设计师将厨房与餐厅整合，墙面用深蓝色瓷砖打下空间基调，橱柜门配合选用蓝绿色，并以粉色为跳色，打造视觉焦点。空间中还用长虹玻璃打造了屏风，利用朦胧的视觉感巧妙遮蔽厨房中的杂物，将视线集中在色彩缤纷的柜体上。

使用者需求◆希望厨房柜体在收纳之余，在色彩上能更活泼有趣。

尺寸◆宽 240 cm，高 235 cm，深 60 cm。

材质◆亚光烤漆板材、人造石。

110

图片提供 时治设计

111. 矮柜与层架营造端景墙

原空间在动线与收纳设计上都不理想，设计师以开放式设计重新打造空间，让动线变得有条理，功能也更为充足。设计师用弧线造型缓解室内棱角的锋利感，并在开放式餐厅的对面打造矮柜与层架，既有收纳功能，又是一面端景墙。墙面的材质还选用了水磨石和蓝色涂料，既树立空间重心，又塑造空间质感。

使用者需求◆需要柜体来满足收纳需求。
尺寸◆矮柜：宽 180 cm，高 90 cm，深 40 cm。
材质◆板材、水磨石、金属、涂料。

图片提供／帷圆・定制 circle
111

图片提供　日作空间设计
112

112. 用展示柜代替隔墙，展示收藏品

业主有收藏杯盘的爱好，设计师在厨房岛台两侧规划了转角玻璃展示柜，不仅可以放置各式杯盘，成为空间中画龙点睛的亮点，而且也满足了业主对空间有分隔而不封闭的通透感的要求。玻璃柜门可左右横移，方便拿取物品，且能防尘。岛台右侧的柜体还可以收纳各种调料和烹调工具，下厨时关好柜门就能阻挡油烟散出，平常打开柜门则让空间显得比较美观。

使用者需求◆业主拥有许多杯盘，希望能展示出来。
尺寸◆宽 300 cm，高 245 cm，深 30 cm。
材质及工艺◆木贴皮，烤漆。

113
图片提供 日作空间设计

113. 金属层架贴覆木贴皮，协调冷暖色调

业主喜爱下厨、泡茶与冲煮咖啡，这些操作不论油腻与否，都必定会用到水槽。于是设计师以岛台水槽为中心，向外扩充出吧台区和料理区。吧台下方柜体和电器收纳柜的颜色与岛台一致，台面选搭胡桃木板材，金属层架则特意贴覆了木贴皮，为深色厨房增添温暖氛围。

使用者需求◆业主喜欢下厨、冲煮咖啡、泡茶。
尺寸◆下柜：宽 170 cm，高 90 cm，深 60 cm。
材质◆板材、金属烤漆、木贴皮。

114
图片提供 向度设计

114. 植物图案装饰柜体，打造视觉中心

本案例的公共空间以收纳柜为中心，环绕游戏区、客餐厅、走廊形成 U 形动线。柜体侧面作为客厅收纳柜使用，后方为独立衣帽间，三面铺贴了植物图案壁纸，让业主在每个角度都能欣赏，成为黑白灰空间中的主视觉环绕景观。餐厅开放层架可收纳咖啡机、宝宝用品、食谱书等，而一旁的隐藏柜则是吸尘器等大型家电的专用收纳空间。

使用者需求◆希望日常使用较频繁的餐具、宝宝用品、咖啡机等方便拿取，且家居风格活泼自然。
尺寸◆宽 80 cm，高 230 cm，深 40 cm。
材质◆喷漆板材、特殊涂料。

115. 利用畸零空间打造收纳柜

小户型的空间设计要锱铢必较，本案例中设计师利用梁下的畸零空间，打造了兼具收纳与展示功能的柜体。为呼应整体空间清爽的色调，设计师用浅色条纹的柜门将柜体的上下空间遮蔽，方便业主将物品收纳起来，不会显得凌乱。中间的凹位除了展示功能之外，还能放置常用物品，方便随时拿取，同时给空间带来一丝变化，让整体更有层次感。

使用者需求◆空间有限，希望拥有一个兼具收纳与展示功能的柜体。

尺寸◆宽 120 cm，高 234 cm，深 45 cm。

材质◆条纹板材。

图片提供 寓子空间设计

115

图片提供 拾隅设计

116

116. 珊瑚色开放展示格展现家居特有魅力

餐边柜是进门后第一眼看到的主墙，以白色、奶茶色为主色调，点缀并内嵌了业主喜爱的珊瑚色开放展示格。柜体用板材构建骨架，珊瑚色开放展示格及顶部圆弧细节则用金属材质打造，兼具美观与实用性。

使用者需求◆希望在餐边柜中用高饱和度色彩进行点缀。

尺寸◆餐边柜：宽 153cm，高 225cm，深 40cm。

开放展示格：宽 25 cm，高 225 cm，深 40 cm。

材质及工艺◆板材、金属，烤漆。

117 图片提供 穆丰设计

117. 餐边柜抽板设计方便拉伸

为了提高动线效率，设计师将餐边柜设置在餐桌对面。业主有多种电器需要收纳，因此在餐边柜右侧设计了电器收纳部分，可以安放电热锅及微波炉等。柜体中的层板高度经过测量，根据业主身高定制，并设计成抽板形式，方便使用。左侧柜体上方柜门用圆角来缓解直角的锐利感，软化了空间线条。开放式平台可以让业主放置咖啡机或者水壶，上方较浅的层架则可用来展示杯盘或者收纳常备药品。

使用者需求◆希望打造餐边柜，将电器与一般物品分开收纳。柜门设计最好能有摆脱方正形式的设计，在细节处展现巧思。
尺寸◆宽 265 cm，高 240 cm，深 55 cm。
材质◆喷漆板材。

118. 隐形收纳成为进门处一道风景

本案例一进门就是以岛台为中心的西厨区，设计师通过整齐的隐形收纳设计来延伸视线，让空间感更加开阔。灰色墙面除了能看到厨房电器，便是收纳量充足的柜体。考虑到里面的中厨区空间色调较深，因此用西厨区的中性灰色进行调和，再搭配木色、白色逐渐调亮，避免视觉对比过于强烈。

使用者需求◆希望增加收纳柜和岛台。
尺寸◆宽 180 cm，高 90 cm，深 90 cm。
材质◆板材。

118 图片提供 日作空间设计

119. 酒柜与多功能房间共享柜门，灵活使用空间

按照业主的生活习惯，设计师将收纳柜分散规划在各个区域中，让生活节奏从容不迫。客餐厅之间设置的收纳柜，不但可以收纳公共空间的物品，而且由于夫妻两人有品红酒的休闲爱好，因此收纳柜中还规划了常温酒柜及酒杯架，供业主拿取红酒在家惬意小酌。酒柜的柜门与多功能房间共享一扇门，可以根据需求开关，让空间敞开或者闭合成一个独立空间。

使用者需求◆业主有品酒的爱好，想要有一个方便且功能齐全的酒柜。
尺寸◆酒柜：宽 130 cm，高 245 cm，深 31 cm。收纳柜：宽 200 cm，高 245 cm，深 40 cm。
材质◆涂料、木贴皮。

图片提供　演活生活设计有限公司
119

图片提供　乐创空间设计
120

120. 创意木箱展示柜，让回忆与生活交叠

住宅周围环境充满绿意，因此业主希望空间内能延续这份自然感。设计师充分利用采光，并打造清新的空间风格，让业主在开放式格局中自在生活。公共空间中放置一张 240 cm 长的桌子，整合书房与餐厅功能，同时争取更多活动空间。墙面上的柜体由松木打造的木箱组成，其中隐藏着儿童房的门，使整面墙成为展示生活感的完整背景。

使用者需求◆希望空间风格自然清新，柜体在收纳之外，能同时展示生活感。
尺寸◆宽 335 cm，高 260 cm，深 35 cm。
材质◆松木板材。

121. L形柜体增加收纳量，分区收纳更方便

为了改善厨房一字形橱柜收纳功能不足的缺陷，设计师在柜体中打造凹位，设计成L形柜体，餐桌则摆放在与客厅连接的公共空间。L形柜体可在不同立面分区收纳空间对应的物品，比如面向厨房的部分安装了玻璃柜门，可放置餐具，下方的抽屉则可以收纳杂物；餐桌一侧的柜体则采用开放式设计，可放置常用小家电，同时具有展示功能，让业主可以随心情更换摆件，成为装点空间的一角。

使用者需求◆原始厨房空间狭小，一字形橱柜没有足够的收纳空间，需要另外设计柜体提升收纳功能。

尺寸◆餐桌一侧柜体：宽191 cm，高210 cm，深42 cm。厨房一侧柜体：宽182 cm，高210 cm，深42 cm。

材质及工艺◆板材，喷漆。

121

图片提供 禾光室内装修设计

122

图片提供 奇逸空间设计

122. 复合材质柜体为公共空间营造丰富视觉层次

本案例的公共空间从客厅一直到餐厅、厨房，设计师利用复合材质打造的柜体来满足展示及收纳需求，上方玻璃展示柜用精致的五金固定，搭配照明，显得轻盈利落，并透出雅致的米白色石材背景墙，让空间质感一致。下方封闭式柜体与旁边通顶高柜柜门交错，打造视觉的延续性与层次感。

使用者需求◆柜子要能衬托收藏品，同时可以收纳餐具。

尺寸◆上方玻璃展示柜：宽257 cm，高149 cm，深35 cm。下方封闭式柜体：宽308 cm，高88 cm，深35 cm。

材质◆玻璃、木贴皮。

123. 用柜体隐藏房门，兼具功能与美感

这是一套面积为 72.6 m² 的住宅，设计师对格局做了调整，不但让业主两个孩子各自拥有一间卧室，而且放大了公共客厅的空间感。设计师将儿童房、卫生间的门整合在柜体中，让外观显得完整、利落。中间凹位的开放层架使用镀钛金属板，增加质感，并用草绿色烤漆板材，使其与厨房温暖的砖红色地面更协调。

使用者需求◆希望公共空间可以大一点，多一些收纳功能。
尺寸◆宽 185 cm，高 220 cm，深 45 cm。
材质◆烤漆板材、镀钛金属板。

图片提供 馥阁设计集团（FUGE GROUP）

123

124

图片提供 禾光室内装修设计

124. 在岛台旁打造餐边柜，简化动线

餐厅位于书房旁边，大面积使用木材，让空间更显简约自然。餐桌与岛台连接，有效简化动线，岛台旁规划了餐边柜，让业主摆放常用的餐具。餐边柜中间预留了台面，可放置咖啡机和水壶等。上方使用玻璃柜门，可以展示漂亮的杯子，同时防止其掉落。

使用者需求◆希望动线更加流畅，因此将岛台、餐桌及餐边柜整合在一起，餐边柜左侧连接部分玄关柜，让公共空间显得宽敞。

尺寸◆宽 165 cm，高 195 cm，深 60 cm。

材质◆喷漆板材、玻璃。

125

图片提供 穆丰设计

125. 餐厨空间柜体连接，扩大空间感

原本空间是长方形，业主希望减少墙面的阻隔，让视野更加开阔。设计师在餐厨空间的墙面整合了餐边柜与橱柜，释放出空间来摆放餐桌。封闭式柜体的层板可自由调整高度，让业主放置杂物。在及腰的高度预留了台面，适合摆放咖啡机等小家电，上方的斜角柜体设计让空间线条更为活泼。放置餐具的抽屉被安排在电磁炉下方，有效地减少了活动距离。

使用者需求◆想要保持长方形空间的开阔性，减少视觉阻隔，将餐厨空间的收纳柜整合在墙面，释放空间，减少活动距离。

尺寸◆餐边柜：宽 145 cm，高 216 cm，深 60 cm。冰箱上面柜体：宽 75 cm，高 31 cm，深 60 cm。

材质及工艺◆实木板材，喷漆。

126. 拆除局部隔墙，打造独立电器收纳柜

这是一间为老年人设计的房子，在餐厨空间有限的情况下，设计师将部分主卧隔墙改造为电器收纳柜。为方便老人使用，收纳柜宽度设定为 80 ~ 90 cm，一层可放置两台小家电，在方便拿取的两层高度下至少可收纳四台，无须弯腰便可使用。此外，柜体采用了折叠门设计，可以避免遮挡走道动线。柜门使用墙面的矿物涂料（先用油漆打底），质感自然内敛又柔和。

使用者需求◆业主习惯使用多台小家电，希望收纳在柜体后能方便操作。

尺寸◆宽 90 cm，高 235 cm，深 55 cm。

材质◆板材、矿物涂料、油漆。

图片提供　馥阁设计集团（FUGE　GROUP）

126

127

图片提供 橡丰设计

127. 橱柜与岛台平行，整合收纳空间

本案例的老房子在改造时，将原本位于内凹区域的厨房向外拉出，橱柜与岛台平行成双一字形格局，方便业主在料理时灵活转换方向。考虑到家中有小孩，设计师在柜体右侧离门较近的转角处做了圆弧设计，增加安全性。双一字形橱柜和岛台能有效地将收纳空间整合在一起，也缩小了柜体的空间感。柜门采用隐形把手设计，外观更显简约利落。柜体各区域通过妥善分配，可让业主根据需求灵活运用。

使用者需求◆业主希望有开放式厨房，并优化餐厨动线，因此规划了双一字形格局，整合了收纳功能。

尺寸◆宽 165 cm，高 226 cm，深 65 cm。

材质◆喷漆板材。

128. 餐边柜整合电器收纳功能，优化动线

餐边柜在餐厅独立规划，可以让收纳有别于厨房橱柜，在分类上更加明确。为了让业主盛饭时行动更加流畅，设计师一并整合了电器收纳功能。餐边柜中间的开放式层架有两层，上层高度较小的层架可展示业主收藏的杯子，且由于深度较浅，释放了更多空间给下方台面，让业主有足够的空间可以摆放机身较高的咖啡机。餐桌旁的墙面上打造了展示搁板，可以放置一些装饰品装点餐厅，提升用餐氛围。

使用者需求◆业主有收藏杯子的习惯，因此需要开放式层架来展示，此外还希望能将电器收纳在餐厅，省得去厨房盛饭。

尺寸◆宽 155.5 cm，高 230 cm，深 55 cm。

材质◆喷漆板材、实木贴皮。

128

图片提供 禾光室内装修设计

129. 半圆把手设计简化线条

此案例是业主一人一犬的居住空间。业主生活很简单，喜欢自己做早餐、泡茶或冲煮咖啡，也很喜欢品酒，因此设计师在餐边柜中打造了放置饮品、小家电的专属吧台。吧台下方四格抽屉可以收纳茶包及各种咖啡用具，半圆镂空的把手设计可以向上或向下打开上方或下方抽屉，减少繁杂的线条，与复古瓷砖搭配更为协调。

使用者需求◆业主喜欢冲煮咖啡、品酒、饮茶，也会自己做简单料理，希望打造相应功能区。

尺寸◆根据具体情况确定。

材质◆木贴皮、复古瓷砖。

图片提供 馥阁设计集团（FUGE GROUP）

129

130. 定义了餐厅区域的童趣餐边柜

本案例的空间不大，设计师通过将餐边柜与玄关柜整合，在转角空间打造出餐厅。柜体以白色与木色为基调，上方柜门做成手指饼干造型，为空间注入童趣，也成为视觉焦点之一。下方柜门的高度配合餐桌的高度，让视觉更加平整，桌面以上的柜体可以收纳、放置常用物品，下方柜体则可以收纳不常使用的杂物。

使用者需求◆户型空间不大，需要重新规划出餐厅区域。

尺寸◆宽 182 cm，高 236 cm，深 55 cm。

材质◆实木板材喷漆、木贴皮。

130 图片提供 穆丰设计

131 图片提供 禾光室内装修设计

131. 双层书柜增强收纳，玻璃柜门满足展示需求

业主有很多收藏品和图书，为了提升收纳功能，设计师在餐厅设计了环绕式的书柜墙。岛台后方的柜体是双层书柜，利用格栅门做局部遮挡，从而隐藏后面的开放式书柜，维持视觉的整洁性。餐桌旁的玻璃门柜体可以供业主展示收藏品，因此特地在内部安装了灯带，提供局部增强照明。

使用者需求◆业主有收藏的爱好，对于柜体的展示功能有较高需求。

尺寸◆宽 278 cm，高 240 cm，深 70 cm（双层）。

材质◆实木贴皮。

132. 撞色双层柜既可展示，也是隔墙

本案例进门后的餐厅空间原本有个柱体，设计师通过柜体设计将其巧妙隐藏在蓝色部分后面，并融入业主喜爱的弧线设计，用粉色做出撞色效果。左侧圆弧柜门内是吸尘器的专属收纳区，中间的开放式层柜深度约为 60 cm，柜门里放置了电视机，柜体的另一面则供相邻卧室使用。

使用者需求◆业主喜欢弧线设计，也有许多收藏品想要展示。
尺寸◆根据具体情况确定。
材质◆木贴皮、涂料。

图片提供 馥阁设计集团（FUGE GROUP）
132

133. 巧用灯光弱化柜体前后距离差

线条简约的 59.4 m^2 单人住宅，以开放式设计将客餐厨连接成一个休闲式的公共空间。业主东西不多，对收纳的需求不高，因此用一面墙的收纳柜集中收纳零散物品即可。同时，在收纳柜中插入由金属材质打造的柜体部分，其鲜明的黄色给空间增添了一丝活泼感。另外，玄关柜部分受入户门位置所限，必须稍微后退，设计师便利用灯光来模糊其与左侧柜体之间的前后距离差。

使用者需求◆小户型入户门位置限制了玄关柜的深度。
尺寸◆宽 260 cm，高 210 cm，深 45 cm。
材质◆板材、金属。

133
图片提供 怀特设计

134. 黑色烤漆书柜打造个性化收纳空间

卧室一面墙的转角部分，其部分吊顶和墙面用板材覆盖，实现隐藏柱体的效果。虽然书桌深度被压缩到只剩 60 cm，但采用 L 形转角设计，增加了使用范围，弥补了深度不足的缺陷。上方书柜用金属材质打造，外观使用黑色烤漆，与书桌颜色呼应，显示空间个性。书柜中加入了两块尺寸不同的蓝色封闭式收纳柜，以满足卧室其他物品的收纳需求。此外，木质背景墙的温润质感让卧室色调不会过于冰冷生硬。

使用者需求◆业主有较多展示品及图书需要收纳，希望打造独特造型的柜体。
尺寸◆封闭式收纳柜（小）：宽 88 cm，高 105 cm，深 37 cm。封闭式收纳柜（大）：宽 88 cm，高 165 cm，深 50 cm。
材质◆烤漆板材、金属烤漆。

图片提供　奇逸空间设计

134

135. 衣柜满足收纳功能，凸显层高优势

设计师在床边规划了反 L 形衣柜，既可以收纳换季衣物及床品，又借此延伸了垂直方向的视觉，强化了层高的优势。上层柜体可收纳大型衣物和床品，下层抽屉则收纳较为零碎的贴身衣物等。柜体左侧台面可以兼作梳妆台，左下角的开放格可以放置换洗衣物篮，方便使用者在走进左侧卫生间前将换洗衣物放在干燥空间，而不是堆到较为潮湿的卫生间。

使用者需求◆想要拥有方便收纳衣物的衣柜。
尺寸◆宽 240 cm，高 75 cm，深 60 cm。
材质◆板材、阻尼铰链。

图片提供　巢空间室内设计（NestSpace Design）
135

图片提供　雎图 · 定制 circle
136

136. 一整面衣柜，不同材质打造不同效果

空间顶部有一道横梁，因此用吊顶覆盖住横梁后，在下方规划了一整面墙的衣柜，以满足业主的收纳需求。吊挂区可以将大衣、连衣裙等挂起来，下方则配了收纳抽屉，可以收纳其他衣物。为了让柜体有更多变化，右侧用金属打造了层格柜，用来收纳各种配饰和包，并用长虹玻璃打造柜门，美化视觉效果。

使用者需求◆想要拥有大面积衣柜，满足衣物、配饰等的收纳需求。
尺寸◆衣柜：宽 270 cm，高 240 cm，深 60 cm。层格柜：宽 45 cm，高 240 cm，深 60 cm。
材质◆板材、金属、普通玻璃、长虹玻璃。

137. 隐藏式收纳轻松维持简洁

业主喜欢简单干净的空间，因此设计师打造通顶衣柜以简化空间线条。另外，考虑到女业主有很多化妆品，便在梳妆台的左侧设计了收纳空间，让桌面保持整洁，并且用金属推拉门遮挡，还有一定的装饰作用。靠近窗户的顶面有一道大梁，设计师用镜面打造柜门，对其进行修饰，在隐藏后方柜体的同时还延伸了空间视觉感。

使用者需求◆业主有很多化妆品，想要维持简约的空间感。

尺寸◆宽 260 cm，高 240 cm，深 60 cm。

材质◆板材、镂空金属推拉门。

137

图片提供 怀特设计

138

图片提供 禾创空间设计

138. 定制榻榻米让小卧室拥有大收纳

仅有 6.6 m^2 的儿童房如果放入单人床就很难再放得下衣柜，走道也会显得过于狭窄。为了有效利用空间，设计师用定制榻榻米代替单人床，打造充足的柜体空间来满足衣物的收纳需求。功能上，柜体中还规划了开放式层格，用来展示孩子的作品，顶部空间也可以放置一些较少使用的物品。

使用者需求◆空间很小，想要满足孩子的收纳、展示及学习需求。

尺寸◆宽 325 cm，高 228 cm，深 60 cm。

材质◆板材。

139. 木色柜、白色柜共同打造卧室收纳

这间房子是业主独自居住的，业主希望室内有通透的采光。设计师除了将格局从两间房改为一间房外，还将卧室与公共空间的隔墙改为长虹玻璃推拉门，打开后可让空间更宽敞。为满足收纳需求，在床后梁下空间规划了床头柜，用柜门分割线营造细致、优雅的空间线条，而床旁边的墙柜则用白色降低柜体的压迫感，再以通顶设计营造出更大收纳容量。

使用者需求◆业主希望室内能有通透明亮的采光，同时也期待有简洁且容量大的收纳设计。
尺寸◆宽 275 cm，高 260 cm，深 40 cm。
材质◆秋香木木贴皮。

图片提供 文仪设计
139

图片提供 方构制作空间设计
140

140. 开放式衣柜融入卧室，放大空间感

为了不浪费主卧大开窗带来的采光，设计师没有采用封闭式衣帽间的方式，而是将衣柜融入卧室空间。这种开放式设计放大了空间视觉感，让业主能够在宽阔的空间中享受阳光与窗外美好的景致。业主兴趣颇多，拥有滑雪、露营、登山等各式装备与衣物。设计师针对不同厚薄、尺寸的衣物，分门别类地规划了收纳位置。衣柜的凹位安装了挂衣杆，可以悬挂外出的衣服，平台则为要洗的衣物提供暂时安放的角落。

使用者需求◆希望能将滑雪、露营、登山等专用衣物分类收纳。
尺寸◆宽 300 cm，高 245 cm，深 60 cm。
材质◆板材。

141. 将梳妆台与衣柜巧妙结合

利用拼接色块将梳妆台与衣柜巧妙连接在一起，是一个值得学习的设计手法。设计师将墙面的 3 / 4 设计成衣柜，选用可可色的板材与五金把手搭配，雾灰色梳妆台从左延伸至衣柜中间，让两件功能不同的家具巧妙结合在一起，视觉上更有层次感。

使用者需求◆业主衣物众多，需要大型衣柜收纳衣物。

尺寸◆宽 300 cm，高 234 cm，深 60 cm。

材质◆板材。

141

图片提供 寓子空间设计

142. 巧妙设计柜体隐藏墙柱

儿童房的收纳规划除了衣物之外也要考虑书本收纳。本案例儿童房的墙面有一个无法避开的柱体，因此以 60 cm 的深度为基准，在柱体左右两侧打造衣柜，再利用较浅的柱体位置打造开放式书架，方便孩子将书本整理归类。最左侧的位置打造嵌入式书桌，将来还可以根据需求改为梳妆台。

使用者需求◆想要有衣柜和书架，但墙面中有一个柱体需要隐藏。
尺寸◆宽 250 cm，高 217 cm，深 60 cm。
材质◆板材。

图片提供　怀特设计

142

143. 白墙般无把手柜体降低压迫感

小户型一般难以找到空间来打造单独的衣帽间，因此，主卧所有能利用的墙面都设计了柜体。为了提升收纳量与实用性，除了拉高柜体做通顶设计，内部还设置了挂衣区、抽屉和层板，部分柜体中设计了柜中柜，以满足各式收纳需求。外观选用白色，搭配无把手按压式设计，让柜门关上后表面犹如白墙，清爽且无压迫感。

使用者需求◆无法打造衣帽间，但卧室需要大容量收纳柜体，且希望柜体不要有压迫感。
尺寸◆右墙衣柜：宽 225 cm，高 285 cm，深 60 cm。左墙衣柜：宽 55 cm，高 285 cm，深 60 cm。
材质◆栓木木贴皮喷白、胡桃木木贴皮。

图片提供　文仪设计

143

144. 寝区功能柜导引动线

睡眠区以灰色、白色为主色，蓝色作为点缀色，并用玻璃打造隔墙，营造整体静谧的氛围。柜体设计从梳妆台、书桌一直延伸至挂衣区，一连串功能区随着动线靠墙展开，穿衣、梳妆以及工作都可以在这里完成，一致的造型与配色设计在视觉上更显利落整洁。

使用者需求◆希望能在有限的空间中规划出梳妆台、书桌、衣柜等多功能柜体。

尺寸◆挂衣区：宽 235 cm，高 70 cm，深 55 cm。左墙上的化妆品柜：宽 350 cm，高 105 cm，深 18 cm。

材质◆板材。

144

图片提供 方构制作空间设计

图片提供 拾隅设计

145

145. 柜体连接吊顶，减轻视觉压迫感

由于主卧空间有限，设计师没有做传统的床头柜，而是将柜体挪到床尾，打造灰白色调的功能性墙面。下方柜体使用灰色，顶部收纳柜则使用纯白色，与吊顶整合，凸显上方轻盈的视觉效果。柜体除了收纳杂物外，还规划了狗狗的专属小窝，以及可以短暂休憩、简单处理工作的休闲角落。

使用者需求◆除了充足的收纳设计，还要有能放置狗窝和供人休闲的角落。

尺寸◆灰色衣柜：宽 109 cm，高 144 cm，深 55 cm。休闲区上方柜体：宽 153 cm，高 70 cm，深 40 cm。休闲区矮柜：宽 27 cm，高 85 cm，深 40 cm。吊顶收纳柜：宽 253 cm，高 53 cm，深 55 cm。

材质◆板材、金属。

146. 内嵌异色抽屉，增添柜体设计感

主卧空间中，将衣柜与梳妆台整合在一起，减少了零散柜体对动线的阻碍，保持视觉干净整齐。左侧梳妆台面与衣柜柜门齐平，保留充足的使用面积，上方收纳化妆品的吊柜深度适当减少，避免因为太深而拿取不便。右侧衣柜则将与梳妆台同色的白色抽屉内嵌在木色柜体中，用于收纳小件衣物，为柜体外观带来变化。

使用者需求◆要有充足的衣物收纳空间与方便平时使用的梳妆台。

尺寸◆衣柜：宽 200 cm，深 60 cm。梳妆台：宽 70 cm，深 60 cm。梳妆台上柜宽 90 cm，深 35 cm。柜体高度可根据实际情况设置。

材质◆板材。

146

图片提供：拾隅设计

图片提供 寓子空间设计

147

147. 带有穿透感的衣柜

位于主卧的衣柜需要承担大量收纳功能，业主的收纳习惯以吊挂衣物为主，并且对玻璃材质较为喜好，结合以上要求，设计师打造了这面带有穿透感的衣柜。柜门上方采用磨砂玻璃，可从外面辨识内部收纳衣物的颜色，却不会有普通玻璃完全透明的杂乱感。柜体下方空间并无多余的搁板，而是采用了留白的方式，为衣柜保留了使用弹性。业主放置了自己购买的收纳工具，使用上更贴合自己的习惯。上方柜体则用于收纳换季衣物与床品，让空间得以被充分利用。

使用者需求◆不想要一般的衣柜，希望使用玻璃材质，并可灵活安排衣物收纳。

尺寸◆宽 240 cm，高 240 cm，深 60 cm。

材质◆烤漆板材、玻璃。

148 图片提供 馥阁设计集团（FUGE GROUP）

148. 展示柜体内藏下掀床铺

考虑到业主女儿只是偶尔回家居住，因此设计师利用一进门拥有绝佳窗景的空间，打造了一间可以弹性使用的多功能房，兼作业主女儿的卧室。粉嫩可爱的柜体深度约 40 cm，下方隐藏了侧拉式单人床，旁边则规划了格柜，可以放置各种收藏品。

使用者需求◆卧室的使用者偶尔才回家居住，不需要正式的卧室设计。

尺寸◆根据具体情况确定。

材质◆板材、瓷砖。

149. 利用几何线条与壁面的收纳柜

业主孩子的儿童房空间有限，于是设计师在墙面上打造了灰色柜体用于收纳，柜体使用不同色阶的灰色，使空间有亮点的同时也不会过于厚重。柜体深度为 25 cm，可随着房间小主人不同的成长阶段增加收纳。每一层没有多余的间隔，使用上更为灵活，但由于跨距较长，因此使用了厚度较大的板材。

使用者需求◆希望在儿童房有限的空间内拥有展示空间。

尺寸◆宽 250 cm，高 236 cm，深 25 cm。

材质◆喷漆板材。

图片提供 寓子空间设计

149

150. 结合藤编元素的衣柜

设计师将主卧空间的颜色与材质进行整合，并将衣柜融入墙面中。柜体下方抽屉的外层使用藤编材质，为空间注入了自然气息，并与藤编材质的床头板相呼应。上方柜体的柜门则选择与主墙漆色相近的板材，并简化线条，让衣柜不仅具有收纳功能，更有把小空间放大的视觉感。

使用者需求◆主卧需要可以收纳衣物的柜体。
尺寸◆宽 140 cm，高 220 cm，深 60 cm。
材质◆板材、藤编材质。

150

图片提供　寓子空间设计

151. 分离式柜体化解床头压梁问题

卧室顶面有一道横梁，为了让床头避开横梁，设计师在梁下墙面设计了柜体，采用上方收纳柜和下方床头柜的形式。分离式的柜体设计让柜体造型简单不呆板，同时弱化了大型柜体的压迫感。上掀式的床头柜有足够的空间用于收纳换季的棉被和枕头，上方平台还可以放置闹钟、书本等物品。

使用者需求◆希望床头不要在横梁的正下方，并要有足够的空间来收纳换季床品。
尺寸◆上方收纳柜：宽 312 cm，高 76 cm，深 44 cm。床头柜：宽 298 cm，高 110 cm，深 44 cm。
材质◆板材、艺术漆。

151

图片提供　奇逸空间设计

图片提供 穆丰设计

152

152. 房屋形状柜体营造儿童房活泼感

儿童房以活泼的蓝绿配色为基调，并且设计师将书桌上方的吊柜设计成房屋形状，为空间注入活力。吊柜的高度是根据孩子身高定制的，方便拿取物品。为了让孩子在成长过程中学会自己收拾衣物，柜体下方特地设计为抽屉形式，开关不费力，相较于平开门柜体，更适合孩子使用。

使用者需求◆想为孩子设计一间氛围活泼的儿童房，且希望能有让孩子练习自己折叠衣物的空间。

尺寸◆房子书柜：宽 110.5 cm，高 116 cm，深 35 cm。衣柜：宽 120 cm，高 240 cm，深 60 cm。

材质及工艺◆木贴皮，喷漆。

153

图片提供　穆丰设计

153. 释放衣柜空间，保持弹性收纳功能

设计师仿效日式柜体的做法，将衣柜与储藏柜整合，柜门高度为 240 cm，内部比一般衣柜多出了 30 cm 的上方空间，可以用来收纳杂物，大幅增加了使用弹性。此外，由于业主舍不得原来的五斗柜，因此衣柜内部没有加装层架，可以把五斗柜放在里面，保留原有的收纳习惯，此外还可以根据需求的转换而改变柜体内部的结构组合。

使用者需求◆希望加大衣柜内部空间，让收纳更有效率和弹性。
尺寸◆衣柜: 宽 328.5 cm，高 260 cm（柜门: 240 cm），深 75 cm。
材质及工艺◆实木贴皮，喷漆。

154. 长虹玻璃柜门，既轻盈又有通透性

业主习惯使用收纳盒收纳衣服，因此主卧衣柜中仅安装了一组挂衣杆，其余空间未进行划分，让业主能直接推入收纳盒。柜门材质使用长虹玻璃搭配白色金属细框架，增加视觉通透性，更显轻盈。

使用者需求◆希望衣柜关起来后能隐约看到衣服的颜色。
尺寸◆宽 390 cm，高 250 cm，深 60 cm。
材质◆板材、金属、长虹玻璃。

154

图片提供　馥阁设计集团（FUGE　GROUP）

155. 纯白色柜体融入墙面，降低存在感

改造后，全开放式格局释放了原本受到隔墙阻挡的采光，大面积白色空间让光线无阻碍地照亮每一个角落，再也不用为采光而烦恼。睡眠空间整合了孩子的床，用立体钢架搭配布帘作弹性遮挡。设计师在床右侧一整面墙上打造了衣柜体，满足一家三口的衣物收纳需求。柜体颜色使用全屋统一的白色，降低柜体存在感。衣柜侧面与小孩床相邻处预留了宽 48 cm、深 25 cm 的凹位，方便孩子放置物品。

使用者需求◆需要收纳柜满足一家三口的收纳需求。
尺寸◆宽 310 cm，高 225 cm，深 60 cm。
材质◆烤漆板材。

155

156. 将柜体与床整合，增加收纳功能

为了解决卧室收纳空间不足的问题，加上床的位置恰好在梁的下方，因此设计师设计了弧形吊顶，借此弱化梁的压迫感。床头处打造了整面墙的柜体，上方是平开门柜体，下方则是上掀式柜体，可分别收纳不同种类的物品。中间预留的空间除了保留柜门上掀的空间之外，还能让业主摆放一些装饰品。右侧梳妆台柜与床头柜连接成一体化设计，使用十分方便。

图片提供 禾光室内装修设计

156

使用者需求◆卧室空间较小，但又希望有充足的收纳功能。
尺寸◆床头柜：宽 286 cm，高 235 cm，深 30 cm。
梳妆台柜：宽 120 cm，高 235 cm，深 40 cm。
材质及工艺◆木贴皮，喷漆。

157. 在畸零空间打造柜体，让物品各有所归

卫生间里矗立了一根柱子，柱子后方刚好是管道。在空间有限的情况下，设计师在柱子与管道之间形成的畸零空间打造了柜体。上方是镜柜，正面放镜子，柜门移至侧面，不影响行走，且不占空间。下方为浴柜，不仅整合了洗手台，延伸出来的抽屉、层格等还可用来摆放相关生活用品。

使用者需求◆希望能将卫生间各物品轻松收纳、取用。

尺寸◆镜柜：宽 60 cm，高 80 cm，深 20 cm。

浴柜：宽 60cm 和 80 cm，高 85 cm，深 45 cm。

材质◆板材、镜面、五金把手。

图片提供　帷圆・定制 circle

157

图片提供 奇逸空间设计

158

158. 量身打造双向收纳空间收整卫浴杂物

现代化卫浴收纳柜需要兼具功能性与美观性。考虑到业主的使用习惯，设计师在洗手台下与浴柜之间特别空出了一段距离来放置毛巾。马桶旁由不锈钢打造的收纳空间则暗藏巧思，下半部内凹处朝向马桶区，可以放置垃圾桶，中间嵌入的木制卫生纸盒上方平台可以放置手机，上半部内凹处朝向淋浴间，可以收纳洗澡用的瓶瓶罐罐。

使用者需求◆希望卫浴收纳能顺手好用且简洁美观。

尺寸◆根据具体情况确定。

材质◆板材、不锈钢。

159. 用柜体隐藏大梁，还能提供照明

干湿分离的独立卫生间顶面上有道大梁影响美观，因此设计师用柜体隐藏了大梁，并在柜体内部规划光源，使其与顶部灯具共同为空间提供照明。下方收纳柜外观也十分利落，除了能收纳卫浴用品外，还提供了台面，方便放置书本和手机，可以让人在如厕时阅读、拿放。

使用者需求◆希望柜体为卫浴空间提供收纳功能，并营造更好的氛围。

尺寸◆宽 107 cm，深 35 cm，高 52 cm。

材质◆板材。

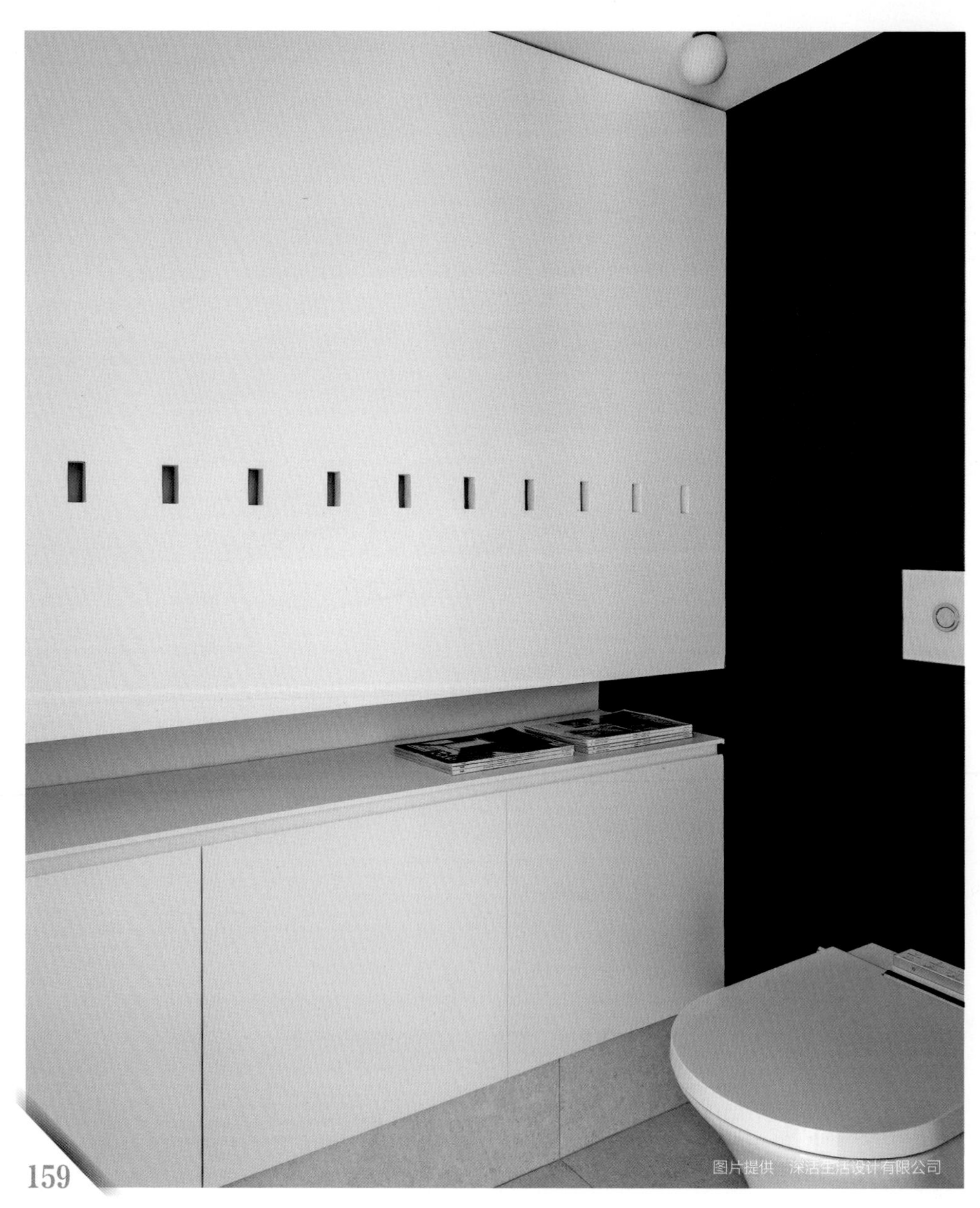

159

图片提供 深活生活设计有限公司

图片提供：实适空间设计

160

160. 在淋浴间的畸零角落打造开放式层架

将淋浴间向外拉伸后，在因管道产生的局部畸零角落用强化玻璃打造了收纳层架。强化玻璃不但耐用，而且可以防潮，视觉上也非常轻盈。设计师特意将收纳层架底层空间的高度留得多一些，可以放置脏衣篮，上面则可放置换洗衣物与毛巾等。

使用者需求◆希望有地方放置脏衣篮和毛巾等。

尺寸◆宽 30 cm，深 36 cm，高度可根据实际情况进行设置。

材质◆强化玻璃。

161

图片提供　日作空间设计

161. 水磨石材质增添大气质感

卫生间的淋浴区、马桶区设计在卫生间内区，浴缸、洗手台则规划在卫生间外区。墙面使用素雅的涂料涂刷，地面与洗手台、浴柜则选用灰白纹理的水磨石打造，呈现自然且富有变化的视觉效果。洗手台是双人用的款式，尺寸较大，下方柜体的抽屉分割则十分简洁利落，富有质感，抽屉的收纳方式也更加顺手方便。

使用者需求◆想要有双人用的洗手台和收纳柜。

尺寸◆宽 155 cm，高 80 cm，深 60 cm。

材质◆板材、水磨石、涂料。

162. 打造日式卫浴收纳设计，设置高度不同的柜格以满足收纳需求

本案例的卫浴空间做了干湿分离，且放置了洗衣机和烘干机，而收纳柜则整合在干区。柜体下方预留了可以放置脏衣篮的空间，为了配合业主的收纳习惯，上层柜体设置了不同高度的柜格，可以根据不同的收纳盒尺寸进行收纳。此外，为了增加收纳功能，设计师在洗手台上打造了 15 cm 深的镜柜，让业主可以将洗面奶等物品放在镜柜内。

使用者需求◆房间没有做梳妆台，化妆需在卫生间进行，并需要不同高度的柜格来满足收纳需求。

尺寸◆浴柜：宽 100 cm，深 61 cm，高度可根据实际情况进行设置。储物柜：宽 88 cm，高 230 cm，深 42 cm。

材质◆木贴皮。

图片提供 禾光室内装修设计

162

163. 根据摆放物品打造柜体，提升收纳效率

位于主卧内的主卫空间较大，以业主喜欢的蓝色系为基调，瓷砖与浴柜用深浅有别的蓝色营造层次感。洗手台与浴柜一体式设计，整合了收纳功能，可以放置清洁用品，上方柜体的开放层格可以摆放化妆品和常用的沐浴用品。为了增加收纳弹性，洗手台上方安装了镜柜，与右侧柜体深度相同，保持线条的整齐划一。

使用者需求◆希望有基本的收纳功能，并且好清洁、打扫。

尺寸◆镜柜：宽 200 cm，高 75 cm，深 20 cm。浴柜：宽 120 cm，高 75 cm，深 60 cm。

材质及工艺◆发泡板，喷漆。

163

图片提供 穆丰设计

图片提供 帷圆·定制 circle

164

164. 双洗手台、双镜柜，多人使用不拥挤

原空间有两间卫生间，每间都很狭小，于是设计师将两间卫生间合并，使用起来不再局促，动线也更加流畅。为了提升多人使用的便利性，设计师规划了双洗手台及双镜柜，就算一起使用也不会互相干扰，而且还有足够的空间收纳全家人的洗漱用品。镜柜里面不只做了层格设计，还安装了纸巾抽孔，方便使用纸巾，不用担心纸巾会被水沾湿，也不必担心破坏整体的美观性。

使用者需求◆卫浴需兼顾舒适性和实用性。

尺寸◆浴柜：宽 210 cm，高 85 cm，深 60 cm。镜柜：宽 60 cm，高 70 cm，深 20 cm。

材质◆板材、五金。

165. 柜体设计使用优雅斜角，镂空把手方便拉动

室内空间不大，因此做半开放式设计，让空间得以延展，并以斜角和斜线为特色，贯穿全屋设计，表现利落优雅之感。浴室的柜体设计也运用了斜线，从把手、柜体到镜面，均设计成不规则的斜角造型。浴柜在把手处使用镂空设计，不仅打造出立体感，而且还借助镂空部分让柜体内空气流通，并方便拉动柜门。

使用者需求◆希望柜体能打破一般的方形设计，使用斜线、斜角，增加设计感。

尺寸◆宽 190 cm，高 70 cm，深 42 cm。

材质及工艺◆发泡板，喷漆。

165

图片提供　甘纳空间设计

图片提供 馥阁设计集团（FUGE GROUP）

166

166. 镜柜延伸木框造型，放大视觉感

卫生间空间较大，因此可以安置下浴缸。浴柜整合了部分抽屉，侧面隐藏有专门收纳卫生纸的空间。洗手台上面打造了镜柜，收纳量充足。镜柜右侧特意用木框框住窗户，放大视觉感，加上壁灯与层架，增添巧思，让木框内形成一处装饰景观。

使用者需求◆想要一间能泡澡的卫生间。

尺寸◆浴柜：宽 150 cm，高 89 cm，深 60 cm。镜柜：宽 260 cm，高 115 cm，深 15 cm。

材质◆木贴皮、油漆、玻璃。

167. 橘色柜体、水磨石打造亮丽空间

业主指定空间可以使用粉色、紫色、绿色和橘色。在设计中，设计师用弧形砖作为主要材料，并以橘色为主色调，吊柜、抽屉、水磨石砖甚至瓷砖的填缝剂中都有着橘色的身影。墙上的吊柜可以收纳卫生用品，让卫浴空间更加整齐，抽屉则可收纳吹风机等物品。

使用者需求◆卫浴需要有收纳物品的空间，且业主对颜色有一定要求。

尺寸◆根据具体情况确定。

材质◆烤漆板材、瓷砖、水磨石砖。

167

图片提供：馥阁设计集团（FUGE GROUP）

图片提供 甘纳空间设计

168

168. 浴柜整合收纳，发泡板可以防潮

由于卫浴用品的高度不同，因此浴柜以封闭式设计为主，预留足够的高度收纳各类用品。台面使用人造石材质，预留宽阔的面积放置洗漱用品，同时还能让业主放置一些装饰品来装点空间。台面周围嵌入金属围栏，提供悬挂毛巾的地方，也能作为扶手使用，避免在浴室中因湿滑而摔倒。柜门使用发泡板，可以防潮。

使用者需求◆希望可以两人共同使用，而且要方便拿取卫浴用品。

尺寸◆宽 155 cm，高 65 cm，深 50 cm。

材质及工艺◆发泡板、金属，喷漆。

169

图片提供 禾光室内装修设计

169. 壁龛设计方便随手拿取物品

业主帮孩子洗澡需要较大空间，因此设计师在淋浴间用玻璃替代完全阻隔空间的门，达到局部干湿分离的效果。业主喜爱自然风格，因此空间配色以草绿色、木色与灰色为主，并用带有多种颜色的水磨石营造活泼氛围。浴柜中设置整合了抽屉，可将物品分类收纳。浴缸旁边墙面采用壁龛设计，上方壁龛可摆放卫浴用品，右下壁龛则可放置孩子的水中玩具。

使用者需求◆业主为孩子洗澡时需要宽敞的空间，希望能方便拿取卫浴用品。

尺寸◆宽 150 cm，高 50 cm，深 62 cm。

材质◆水磨石、板材。

170. 蛇纹石打造轻奢感，大台面更加舒展

卫浴空间充裕，不必将收纳柜做得很多很大，因此设计师打造了宽敞的洗手台，方便业主放置常用的洗漱用品。浴柜线条力求简化，可放置各类物品。墙面和洗手台面使用了蛇纹石，营造轻奢的空间氛围。

使用者需求◆希望能保持卫浴的宽敞空间感。
尺寸◆宽 175 cm，高 70 cm，深 55 cm。
材质及工艺◆发泡板、蛇纹石，喷漆。

图片提供 甘纳空间设计

170

171. 洗手台与浴柜并入衣帽间，使用更方便

这是一间主卧里的主卫，淋浴区与马桶区已做独立划分，洗手台则移出来与衣帽间整合在一起，方便女主人化妆、换衣服。为保留通透的光线，浴柜上方墙面使用玻璃砖打造。因空间有限，将浴柜与洗手池整合，且为了行走更顺畅安全，柜体两侧采用了弧线设计。开放式层格主要收纳使用频率较高的物品，如吹风机、梳子等，其他卫生用品则可以放入中间的抽屉。

使用者需求◆希望能放置吹风机并收纳备用的沐浴、卫生用品。

尺寸◆宽 150 cm，高 70 cm，深 50 cm。

材质◆木贴皮。

171

图片提供　日作空间设计

图片提供 珥本设计

172

172. 线板设计打造新古典风格的韵味

整体空间铺设了浅米色石材，再选用相似色系的原木柜门，让木石的自然纹理展现舒适宜人的氛围。柜门按照洗手池位置进行等比排列、对称分割，搭配线板设计，打造一种新古典风格的迷人韵味。柜体可提供较大的收纳空间，并且可以放置业主需求的脏衣篮。

使用者需求◆业主习惯在卫浴空间化妆，有很多化妆品需要收纳，并且需要一处可以摆放脏衣篮的地方。

尺寸◆宽 229 cm，高 74 cm，深 60 cm。

材质◆茶镜、镀钛金属、橡木板材染灰。

173. 照明衬托轻盈线条，打造精美书柜

这是一处多功能空间，不但是大人休闲、娱乐的场所，也是孩子读书、游戏的地方。设计师在横跨墙面的白色柜体中设计了可放置电脑的书桌，而书架则设计得别出心裁，高低错落的层板用直径只有 1 cm 的烤漆金属圆棒连接，靠近墙面的地方还设计了照明，减少大型柜体的沉重感，打造轻盈的线条和利落的视觉感。

使用者需求◆希望柜体使用上更灵活，兼具美观与功能性。
尺寸◆宽 350 cm，高 217 cm，深 45 cm。
材质◆美耐板、金属。

图片提供 怀特设计
173

174. 简练横竖线条的柜体，打造客厅端景

图片提供 怀特设计
174

书房与客厅采用玻璃隔墙设计，将柜体整合于背景墙，用纯白色包围自然木色，横竖层板的侧面就像一笔笔线条，描绘出具有穿透感的端景画面。由于业主未来有将这里打造为儿童房的计划，因此除了开放式层格，中间凹位和上、下方柜体外，空间中还规划了衣橱，桌椅都是可移动的，方便以后功能变换时局部调整。

使用者需求◆要同时满足现在的书房功能和未来儿童房的柜体规划。
尺寸◆开放式层格：宽 168 cm，高 104 cm，深 35 cm。上方柜体：宽 168 cm，高 54 cm，深 35 cm。中间凹位：宽 168 cm，高 20 cm，深 35 cm。下方柜体：宽 168 cm，高 82 cm，深 35 cm。衣橱：宽 93 cm，高 260 cm，深 60 cm。
材质◆板材、白橡木贴皮、美耐板。

图片提供 文仪设计

175

175. 如珠宝盒般的线性结构柜体

以珠宝盒为设计概念，在开放的多功能阅读空间，用秋香色调（中国传统色彩，由绿色、黄色调成）的尤加利木贴皮与金属在墙面打造出线性结构的装饰性收纳柜。其间混搭了或水平或垂直的块状柜体、层板，呈现错落有致的画面。而局部LED灯的照明则可衬托出精致感，让业主摆放的每一件装饰品都像珠宝般耀眼。

使用者需求◆业主喜欢精致的设计风格，同时沙发后面需要有装饰性收纳柜为背景墙。
尺寸◆上柜：宽 320 cm，高 195 cm，深 26 cm。下柜：宽 344 cm，高 35 cm，深 35 cm。
材质及工艺◆上柜（含层板）：尤加利木贴皮、5 mm 厚铁板，烤漆。下柜：尤加利木贴皮，烤漆。

图片提供 巢空间室内设计（NestSpace Design）

176

176. 整合书柜与书桌，每一处都实用

为了将书房融入客厅，设计师用玻璃打造隔墙，有效延伸了公共空间的视野，既不破坏采光，同时玻璃又具有隔声功能，让业主可以在书房中专心工作。为了让书桌能放下文件、电脑等用品，桌面上方保留 50 cm 的高度，而开放式层格也维持在坐姿视线范围内，既使用方便，又不会有压迫感。柜体其余部分采用封闭式设计，满足书房所需的收纳量。另外，书房还兼具客房功能，将卷帘拉下即可成为独立房间。

使用者需求◆将书房融入客厅。
尺寸◆书柜：宽 260 cm，高 185 cm（离地 75 cm），深 40 cm。书桌：长 200 cm，桌面上方保持 50 cm 的高度，开放式层格高 20 cm。
材质◆板材、按压式开关。

177. 镂空蚕豆书柜收纳量大，且能舒服地坐在上面阅读

房子的采光非常好，但如果打造一整面书柜墙，恐怕会阻挡光线。因此设计师用镂空的蚕豆造型书柜为隔墙，划分架高的多功能空间与走廊，不但满足大量图书的收纳需求，也让光线可以穿透进来。蚕豆的曲线对应人体弧度，大人、孩子都可以舒服地坐在里面看书。书柜深度特意放大至将近60 cm，可收纳两层图书。

使用者需求◆希望拥有丰富的图书收纳量，孩子曾在一家图书馆中看到蚕豆设计，对此印象深刻，希望自家也能有类似的设计。

尺寸◆宽 280 cm，高 295 cm，深 60 cm。

材质◆板材。

178. 全家人共用的开放式书房，多功能柜墙提升收纳量

这个空间为开放式书房，虽然业主的孩子们都有各自的房间，但业主希望有一间能让全家人共享的书房。书房中的长桌可供多人使用，除了作为休闲阅读区，也能摇身一变成为工作区。书柜墙上规划了封闭式柜体和开放式层架，可将较为零碎的杂物收纳在封闭式柜体内，开放式层架则用来放置图书。此外，书桌上方的吊柜高度经过特别设计，故而得以与业主的资料收纳盒尺寸相互吻合。

使用者需求◆希望能有公共书房让全家人共同使用，可在此休闲阅读，同时也能满足居家办公的需求。

尺寸◆书柜：宽 240 cm，高 235 cm，深 40 cm。吊柜：宽 319 cm，高 75 cm，深 60 cm。

材质◆板材喷漆，保留木质纹理。

图片提供 禾光室内装修设计

178

179. 递进式规划提高空间使用效率

空间面积较小，因此设计师选择从垂直面争取更多可使用的空间，以满足双层复式户型所需的功能以及生活中大量的展示与收纳需求。设计将楼梯侧面打造成展示柜，转角墙面则打造了书桌、书柜及衣柜等。递进式的空间规划不仅提高空间使用效率，也让有限的空间发挥了更大的价值。

使用者需求◆有展示与收纳的需求，并充分利用空间。

尺寸◆书柜：宽 100 cm，深 60 cm。楼梯展示柜：宽 220 cm，深 80 cm。衣柜：宽 250 cm，深 60 cm。

材质◆板材（不同色阶和色调的表面装饰板穿插交互使用）。

179

图片提供　巢空间室内设计（NestSpace　Design）

180. 书柜以线条切割，打造空间个性背景墙

业主夫妻都是工作忙碌的医生，两人回家后仍需要阅读大量相关书籍，因此业主想要有功能完整的书房区，收纳电脑设备和丰富的参考书。整个公共空间维持了视觉开放性，仅以木质及腰半隔墙来划分书房及客厅空间，大面积的书柜墙以开放式格柜的形式规划，通过精心配置的比例及线条切割，交织出丰富的视觉变化感，让空间不显呆板。书柜以黑色作为衬底色，让家居空间更显人文气息。

使用者需求◆有大量书籍，希望打造收纳量充足的书柜。

尺寸◆宽 495 cm，高 264 cm，深 40 cm。

材质◆板材。

图片提供 乐创空间设计

180

图片提供 书逸空间设计

181

181. 用藤编柜门增加柜体通透性与纹理层次

原始四间房的格局较为拥挤，将其中一间房拆除后规划成开放式书房，公共空间延伸后整体感觉更为宽敞。书房隔墙上方的收纳柜用手工藤编柜门来赋予空间温润的格调，也让收纳书本的柜体有更好的通透性。隔墙下方安装了浅色橡木制成的层架，用作展示收藏品的平台，为空间增添生活感，也让墙面成为一面端景。

使用者需求◆希望公共空间的书柜既能收纳藏书，也能为空间增添美感。

尺寸◆宽 238.5 cm，高 155 cm，深 40 cm。

材质◆板材。

182. 开放式层格让收藏模型成为空间亮点

业主是位模型迷，因此想要一个显眼的位置展示收藏的模型。客厅沙发后方用木质半隔墙围出书房区域，并在墙面上架构出整面书柜。柜体主要分成两个部分：上方开放式层格承担展示功能，用来展示模型；下方封闭式收纳柜可以收纳其他杂物。此外，窗户下的飘窗也整合了抽屉。这里充足的收纳设计可以满足整个 66 m^2 空间的收纳需求。

使用者需求◆希望有大柜子展示收藏的各种玩具和模型。

尺寸◆宽 325 cm，高 235 cm，深 35 cm。

材质◆板材。

182

图片提供　乐创空间设计

图片提供 馥阁设计集团（FUGE GROUP）
183

183. 省略底板的柜体，打扫更方便

与客厅相邻的空间被规划为书房兼琴房。书房与餐房走道之间以柜体分隔，柜体旁边用玻璃、金属构筑展示架，成为岛台对面的一处端景。柜体分格按照业主收藏的图书尺寸进行精确配置，底部省略底板，直接落地，更好清洁。

使用者需求◆有各种收藏品及不同尺寸的图书需要收纳。

尺寸◆宽 180 cm，高 247 cm，深 47 cm。

材质◆板材、玻璃、金属。

184

184. 漫画书柜墙既是隔墙，也打造了双向动线

空间原本是四室两厅的格局，但隔墙阻挡了采光，加上书房空间有限，业主收藏的漫画难以充分展示，因此设计师将书房隔墙打开，打造一整面漫画书柜墙，并以此重新划分客厅与书房空间。可以充分展示漫画书的书柜墙成为客厅的一道风景，让公共空间犹如一间大阅览室。围绕书柜的双向开放动线设计让窗外的采光得以穿透书房和走道，又能让书房保留适当的私密性。

使用者需求◆业主夫妻两人拥有的漫画书数量颇多，需要可以收纳和展示的柜体。

尺寸◆宽 430 cm，高 220 cm，客厅一侧书柜深度 16 cm，书房一侧书柜深度 26 cm。

材质◆金属、玻璃。

图片提供　甘纳空间设计

185. 开放式金属书架提高空间使用效率

公共空间不做隔墙，选择用架高地面的方式来划分区域，打造出休闲区和书房区。书桌左侧是延伸到后方走廊的书架墙，柜体以烤漆金属为材质。相对于板材，金属刚性强、韧性佳，厚度也比板材薄，可避免柜体因显得过于笨重而造成压迫感，也符合业主喜欢的现代简约风格。除此之外，柜体背景墙维持墙面的白色，不放书的时候视觉上也很清爽。

使用者需求◆需要有大容量的柜体。
尺寸◆宽 420 cm，高 230 cm，深 30 cm。
材质◆板材、金属。

图片提供 日作空间设计

185

186

图片提供 日作空间设计

186. 用层架替代一般书柜

业主偶尔会在家工作，因此书房采用推拉门作为弹性隔墙，可随时调整开合，并在客厅与书房之间打造了通透的层架来替代一般书柜。层架组装好后将伸缩架固定在吊顶上，以加强结构稳定性，并且让层架增加可灵活使用的配件，让收纳变得更富弹性。

使用者需求◆业主偶尔需要在家工作，需要可以灵活开合并能专注工作的独立空间。

尺寸◆宽 288 cm，高 230 cm，深 35 cm。

材质◆板材、金属、伸缩架。

187. 洞洞板柜门化身书柜一部分，让使用效率最大化

书柜墙位于卧室出入口，为避免柜门破坏墙面的整体感，便将房门与洞洞板结合在一起。柜面整体连贯的设计既保有私密性，又带点趣味性。洞洞板柜门打开后不但能让视觉延伸到卧室外，而且给柜体增加了吊挂展示功能，还将柜面运用到最大化，不会因门的存在而减少使用面积。书柜里除了摆放图书、装饰品，还要收纳其他物品，因此打造了大小不同的层格，实现展示与收纳双重功能。

使用者需求◆希望能让图书、收藏品有空间摆放。

尺寸◆宽 300 cm，高 240 cm，深 30 cm。

材质◆板材、洞洞板、阻尼铰链、滑轨。

图片提供 巢空间室内设计（NestSpace Design）

187

图片提供 时治设计

188. 用折叠门打造如储藏室般的收纳柜

这间多功能房间除了业主平时在此做瑜伽之外，也是客人留宿的客卧。设计师将整面墙打造成收纳空间，为了能装下侧翻床及其他物品，柜门选用了折叠门，拉开后开口较大，方便收入行李箱等大型物品。设计师提醒，在使用折叠门时必须熟悉开关的施力点，若家中有孩子的话，为了安全起见，可以安装地锁避免误开。

使用者需求◆有存放大型物品如侧翻床、行李箱等需求。
尺寸◆宽 210 cm，高 240 cm，深 40 cm。
材质及工艺◆白橡木贴皮，拉丝染色处理。

189. 用双色复合式柜体打造回形动线

业主希望生活动线更自由，因此，设计师在改造时拆除了很多非承重性隔墙，并在客厅通往餐厅的过道上打造了一个原木色与黑色的复合式柜体，让柜体两侧形成回形动线，并成为客厅与餐区的转场区域。临窗处的小隔间用玻璃拉门代替隔墙，让光线自由穿过，打造明亮而轻松的氛围。

使用者需求◆业主对生活有自己的想法，希望家居格局能摆脱固定隔间的设计思维。

尺寸◆宽 230 cm，高 180 cm，深 45 cm。

材质◆木色柜体：枫木贴皮。黑色柜体：栓木贴皮喷黑。

图片提供 文仪设计
189

图片提供 实适空间设计
190

190. 微调入口动线，多出衣柜与大容量储物柜

原始儿童房空间有限，几乎没办法再规划衣柜。重新调整主卧与厨房入口之后，不但给儿童房打造了衣柜，在公共空间也打造了 L 形柜，包含抽屉、吊柜、展示层格等部分，对于四口之家来说实用性堪比一间储藏室。L 形柜左侧整合隐藏了主卧房门，转角处做弧形设计。展示层格的层板与门把手颜色统一，视觉上清爽柔和。

使用者需求◆儿童房和公共空间都需要增加收纳设计。

尺寸◆儿童房衣柜：高 225 cm，深 35 cm。L 形柜：短边宽 93 cm，长边宽 276 cm，高 225 cm。

材质及工艺◆板材，烤漆。

191 图片提供 馥阁设计集团（FUGE GROUP）

191. 独立洗衣间，洗衣台和层板提供收纳空间

本案例是一间长条形的老房，通过格局改造，在卫生间旁边打造了独立的洗衣间，可放下洗衣机和洗衣台。洗衣台下方整合了抽屉，墙面安装了层架，前者可以收纳毛巾等，层架则可以摆放清洁用品，方便好拿。

使用者需求◆想将晾衣和洗衣空间区分开。
尺寸◆宽 85 cm，高 35 cm，深 55 cm。
材质◆木贴皮、人造石台面。

192. 用照明点亮黑色背景，衬托衣物

主卧空间有限，设计师将衣物收纳功能独立出来，在与走道相邻处打造了衣帽间，让卧室只保留睡眠功能。狭长形的衣帽间用镜面放大视觉感，沉稳的黑色柜体内嵌了 LED 灯，在打造立体效果的同时，也点缀了衣物陈列的背景墙。

使用者需求◆主卧空间有限，希望衣物能有个妥善收纳的空间。
尺寸◆宽 85 cm，高 230 cm，深 30 cm。
材质◆板材。

192 图片提供 向度设计

图片提供 日作空间设计

193

193. 利用视线角度差隐藏开放式展示层格

本案例中，设计师巧妙地利用视线角度差和弧形设计，将进门左侧空间打造成休闲区和收纳区。将开放式层格打造在正面视线的柜体右后方弧形部分，这样便可以将其隐藏在视线以外，即使没有柜门，也不会轻易看到收纳的物品，同时又能轻松拿取。另一侧弧形部分则打造了柜门，可以将更杂乱的物品集中收纳。

使用者需求◆业主家中有两辆自行车和很多露营装备，以及很多模型收藏品，业主希望这些物品都能得到妥善收纳。

尺寸◆沙发后柜体：宽 260 cm，高 220 cm，深 60 cm。开放式柜体：宽 120 cm，高 220 cm，深 25 cm。

材质◆板材。

194. 打造快递的整理收纳中转站

卫生间与厨房之间的收纳柜主要是用来收纳环保袋、药品的，上方层板则可以摆放最常用的食谱。此处靠近玄关，是出入家门的必经之地，方便放置包和快递等，让刚进家门的业主可以先喝口水、上个厕所放松一下，再在台面悠闲地打开快递、放好物品。

使用者需求◆需要有环保袋、药品收纳空间，以及拆快递的平台。

尺寸◆宽 110 cm，层板深 35 cm，下方柜体深 50 cm，层板高 170 cm 和 210 cm，下方柜体高 98 cm。

材质◆宝丽板、天然柚木。

194

图片提供 王采元工作室 摄影 汪德范

195. 用大面积柜体实现小户型充足的收纳量

本案例是一间只有 29.7 m^2 的小户型，住着一对姐妹。设计师利用空间最大面积的墙面，打造了包含层格、抽屉的柜体，形成可以收纳图书与各种生活物品的收纳空间。部分层格靠下方安装了金属横杆，营造有如书店般的陈列效果，成为卧室的端景墙。靠近吊顶处打造了凹槽，下方在两张单人床之间安装洞洞板的推拉门，既是分隔空间的门，也有收纳与展示功能。

使用者需求◆两姐妹需要充足的收纳功能。
尺寸◆宽 280 cm，高 84 cm，深 25 cm。
材质◆木贴皮、油漆。

图片提供 馥阁设计集团（FUGE GROUP）

195

196. 根据收纳盒量身打造，可让孩子快速收拾好玩具

这个家没有客厅，设计师将餐厅旁的空间规划为阅读和游戏角落。根据孩子们的玩具收纳盒量身定制了一面柜体，能直接将一个个收纳盒放进柜体底部，收拾起来毫不费力。上半部分打造了圆角悬空吊柜，让柜体呈现轻盈的视觉感。柜体边缘用弧形打造，比较柔和，安全性较好。

使用者需求◆想让孩子能简单快速地收纳玩具。

尺寸◆宽 265 cm，高 250 cm，深 40 cm。

材质◆木贴皮、油漆。

196

图片提供　馥阁设计集团（FUGE GROUP）

197. 打造手工艺者的梦幻收纳柜

女主人擅长制作皮具、珐琅，掌握了金属加工、缝纫等各种手工艺，因此有大量材料和工具需要收纳。设计师打造了由窄至宽的渐进式不规则 L 形收纳柜，台面尺寸符合各项工艺需求。考虑到业主站立作业的习惯，柜体中规划了可放入整张纸和皮革的八个大抽屉，以及可以收纳各种瓶瓶罐罐的若干小抽屉。值得一提的是，吊柜左侧洞口连接儿童房，方便孩子与妈妈随时沟通。

使用者需求◆业主拥有纸张、皮革、纸胶带、棉花等种类、尺寸各异的材料需要收纳。
尺寸◆长边宽 450 cm，短边宽 245 cm，深 96 cm（最深）和 70 cm（最浅），高 98 cm。
材质◆宝丽板、天然柚木贴皮接柚木实木封边。

图片提供 王采元工作室 摄影 汪德范
197

198. 用回形动线隐藏洗手台，将柱体打造为收纳柜

原始卫生间较为狭小，为了满足业主希望家中能有两个马桶的需求，设计师将洗手台规划在公共空间，释放空间给马桶，并利用回形动线将洗手台半隐蔽起来。洗手台的另一侧是餐厨空间的岛台，业主可以在此烘焙。洗手台右方本来是结构性柱体，设计师将其打造为收纳柜，深度与洗手台下方的柜体相同，有效提升了收纳容量。

使用者需求◆希望家中能配置两个马桶。
尺寸◆宽 152 cm，深 55 cm。
材质◆板材、烤漆玻璃。

198
图片提供 禾光室内装修设计

199

图片提供　实适空间设计

199. 厨房入口前的收纳展示区

大型收纳柜分为储藏室、玄关柜以及厨房收纳柜等几部分，厨房入口处的柜体作为餐厅与厨房的缓冲，也是厨房前的展示空间。层格高度经过精密计算，每层都可以摆放餐具、红酒、高脚杯、食谱等，具有多功能性。

使用者需求◆业主喜欢下厨，也有小酌红酒与收集餐具的习惯，因此需要有收纳、展示食谱、红酒和餐具的空间。

尺寸◆宽 24 cm，高 182 cm，深 38 cm。

材质◆橡木贴皮。

图片提供 实适空间设计

200. 在走道打造书柜，增加生活气息

为了让走廊更有生活气息，设计师将卫生间墙面的畸零空间打造为书柜。开放式层格用来收纳图书，下方空间则安装柜门，隐藏收纳的杂物，让外观看起来简约清新。同时用照明辅助，为空间营造氛围。

使用者需求◆需要大量的空间收纳图书，并且业主有睡前阅读的习惯，因此书柜要靠近书房与卧室。

尺寸◆宽 110 cm，高 240 cm，深 25 cm。

材质及工艺◆密度板，烤漆。